国家一流专业建设规划教材

中国地质大学(武汉)实验教学系列教材

海洋工程流体力学实验指导书

HAIYANG GONGCHENG LIUTI LIXUE SHIYAN ZHIDAOSHU

赵恩金　姜逢源　卢洪超　陈少庆　等编著

图书在版编目(CIP)数据

海洋工程流体力学实验指导书/赵恩金等编著.—武汉:中国地质大学出版社,2023.11
ISBN 978-7-5625-5693-0

Ⅰ.①海… Ⅱ.①赵… Ⅲ.①海洋工程-流体力学-实验-高等学校-教材 Ⅳ.①P75-33

中国国家版本馆 CIP 数据核字(2023)第 221225 号

海洋工程流体力学实验指导书	赵恩金 姜逢源 卢洪超 陈少庆 等编著
责任编辑:唐然坤	选题策划:周 阳 唐然坤　　　责任校对:陈 琪

出版发行:中国地质大学出版社(武汉市洪山区鲁磨路388号)	邮政编码:430074
电　话:(027)67883511　　　传　真:(027)67883580	E-mail:cbb@cug.edu.cn
经　销:全国新华书店	http://cugp.cug.edu.cn
开本:787 毫米×1092 毫米 1/16	字数:199 千字　　印张:7.75
版次:2023 年 12 月第 1 版	印次:2023 年 12 月第 1 次印刷
印刷:武汉市籍缘印刷厂	
ISBN 978-7-5625-5693-0	定价:25.00 元

如有印装质量问题请与印刷厂联系调换

前　言

"海洋工程流体力学实验"是一门强实践性课程,随着海洋工程流体力学方面的教学改革,该课程的教学内容和方式也在不断修改、更新和充实。开展"海洋工程流体力学实验"课程的主要目的是使学生了解流体力学的基本实验方法和研究方法,掌握基本实验技术和技能,增强对流体运动的直观认识,加深理解并掌握流体力学的基本知识和原理;通过实验训练进一步培养学生分析问题和解决问题的能力,培养学生的创新意识、创新精神和创新能力,为学生今后从事相关领域的工程实践工作和科学研究打下坚实的基础。

除了要提高学生对理论知识的掌握程度外,老师在实验教学过程中还应激发学生的学习兴趣,调动学生学习的积极性和主动性。只有这样才能使学生更好地掌握所学内容,真正达到在实验教学过程中培养学生动手动脑、解决实际问题能力的目的。在这样的学习环境和氛围中,学生在实验教学过程中的主体地位可得到充分确立。

基于以上观点,本实验指导书涵盖了3类不同层次的实验,即基础实验、设计性实验和实训性实验。基础实验主要包括理论验证性实验和利用分析方法分析实际流体力学现象的实验,这些实验均有详细的实验操作指导内容。开设基础实验的主要目的是让学生学习实验方法和原理,并掌握仪器的操作方法。设计性实验和实训性实验则是在完成基础实验的基础上,学生可以自行选择完成的实验部分,在老师的指导下参考课本内容、查阅文献资料,依据原理提示拟订详细的实验步骤,并完成实验操作和实验报告。开展设计性实验和实训性实验的目的主要是调动学生的学习积极性,培养学生的创新意识和创造能力。在设计实验时,笔者也尽量考虑实验内容的多样性,使其更贴近日常生产生活,并侧重体现海洋工程流体力学相关行业的特色。

本实验指导书共分为6章,包括第一章实验预备知识、第二章流体静力学实验(流体静力学综合实验、静压传递自动扬水仪实验、平面上的静水总压力测量实验、达西渗流实验)、第三章恒定总流流体运动实验(自循环虹吸原理实验、伯努利方程综合实验、文丘里综合实验、动量定律综合实验)、第四章流体运动能量损失实验(紊动机理实验、雷诺实验、局部水头损失实验、沿程水头损失实验)、第五章流体流动状态分析实验(自循环流谱线演示实验、壁挂式自循环流动演示实验、毕托管测速与修正因数标定实验、孔口出流与管嘴出流实验)、第六章流体水槽实际训练实验。全书共涵盖37个实验,其中包括16个基础实验和设计性实验及 21 个实训性实验。为丰富实验内容、激发学生的实验兴趣和拓展学生的知识面,笔者参考水动力现象分析、环境监测等行业的实际生产过程设计了部分实验方案。这些实验的内容和步骤相对复杂,学生可以根据教学要求、实验与仪器条件以及个人兴趣适当进行选择。

  本实验指导书由中国地质大学(武汉)海洋学院赵恩金、姜逢源、卢洪超、陈少庆等编撰。在编写过程中,硕士研究生陈新、程泽麒、刘儒伦、王辰宇、吴虞熙、夏效禹等承担了部分实验的资料收集与方案验证工作,在此表示深深的谢意。

  关于本实验指导书中主要参考文献的引用,特别声明如下:首先,本实验指导书是一本实验实践性教材,多数内容为基础实验,实验的实验目的、方法原理、实验步骤、数据处理等部分来自对多年来不同高等院校"海洋工程流体力学实验"课程教学团队的经典内容总结,部分实验参考或摘录自"主要参考文献";其次,本实验指导书在前人工作的基础上对部分设计性实验和探索性实验进行了延伸,该部分中参考文献的内容引用无法做到全书每处一一对应,因此在重点实验中进行了引用说明,请参见"主要参考文献";最后,由于年代久远,一些资料查阅困难,部分内容无法列出具体引用来源,也可能存在文献漏引等情况。对于涉及内容的所属作者,我们表示歉意和衷心感谢。

  由于笔者水平有限,本实验指导书中难免存在不足和遗漏之处,敬请读者批评指正。

笔 者
2023 年 6 月

目 录

第一章 实验预备知识 (1)
- 第一节 实验的基本要求 (1)
- 第二节 实验的一般知识 (2)
- 第三节 实验室安全与卫生管理制度 (4)
- 第四节 实验数据记录和处理 (5)

第二章 流体静力学实验 (7)
- 实验一 流体静力学综合实验 (7)
- 实验二 静压传递自动扬水仪实验 (13)
- 实验三 平面上的静水总压力测量实验 (16)
- 实验四 达西渗流实验 (21)

第三章 恒定总流流体运动实验 (26)
- 实验五 自循环虹吸原理实验 (26)
- 实验六 伯努利方程综合实验 (29)
- 实验七 文丘里综合实验 (38)
- 实验八 动量定律综合实验 (43)

第四章 流体运动能量损失实验 (48)
- 实验九 紊动机理实验 (48)
- 实验十 雷诺实验 (52)
- 实验十一 局部水头损失实验 (56)
- 实验十二 沿程水头损失实验 (61)

第五章 流体流动状态分析实验 (67)
- 实验十三 自循环流谱线演示实验 (67)
- 实验十四 壁挂式自循环流动演示实验 (71)
- 实验十五 毕托管测速与修正因数标定实验 (76)
- 实验十六 孔口出流与管嘴出流实验 (80)

第六章　流体水槽实际训练实验 ·· (85)
　　实验十七　大型水槽实用堰实训 ··· (85)
　　实验十八　大型水槽宽顶堰实训 ··· (86)
　　实验十九　水流流速分布实训 ·· (87)
　　实验二十　圆柱绕流实训 ··· (88)
　　实验二十一　挑流消能实训 ·· (89)
　　实验二十二　消能池实训 ··· (90)
　　实验二十三　消能坎实训 ··· (91)
　　实验二十四　糙率测试实验实训 ··· (93)
　　实验二十五　鱼道观测实验实训 ··· (94)
　　实验二十六　河道冲刷实验实训 ··· (94)
　　实验二十七　弯道河流流态观测实训 ·· (95)
　　实验二十八　桥墩冲刷实验实训 ··· (96)
　　实验二十九　组合桥墩实验实训 ··· (97)
　　实验三十　丁坝实验实训 ··· (97)
　　实验三十一　泥沙起动实验实训 ··· (98)
　　实验三十二　施工导截流实验实训 ·· (99)
　　实验三十三　凹岸水流实验实训 ··· (99)
　　实验三十四　凸岸水流实验实训 ··· (100)
　　实验三十五　水槽中静水污染物扩散实验实训 ·· (101)
　　实验三十六　水流中污染物扩散实验实训 ··· (101)
　　实验三十七　河道中污染物传播实验实训 ··· (102)
　　主要参考文献 ·· (104)

参考答案 ·· (105)

第一章 实验预备知识

第一节 实验的基本要求

海洋工程流体力学是研究海洋环境中流体的力学运动规律及其应用的学科。它主要研究在各种力的作用下,流体本身的静止状态和运动状态,以及流体与固体壁面、流体与流体、流体与其他运动形态之间的相互作用和流动的规律[1]。流体力学是力学的一个重要分支,而海洋工程流体力学侧重流体力学在海洋工程方面的实际应用,它不追求数学上的严密性,而是趋向于解决在海洋工程中出现的实际问题[2-4]。

流体力学实验主要包括流体静力学实验(如流体静力学综合实验[5]、达西渗流实验[6])、恒定总流流体运动实验(如自循环虹吸原理实验[7]、伯努利方程综合实验[8]、文丘里综合实验[9]、动量定律综合实验)、流体运动能量损失实验(如雷诺实验)、流体流动状态分析实验、流体水槽实际训练实验。它不仅涉及物理学知识,还包括化学、电子学、数学、计算机技术等相关学科的知识,这对学习者提出了更高的要求[10]。本实验指导书旨在通过流体力学实验,加深学生对流体力学基本原理的理解,使其掌握必要的实验基础知识和基本操作技能,并学会如何依据实验目的正确地选择和使用合适的实验方法,以提高学生分析问题、解决问题的能力;同时,学生通过学习实验数据的处理方法,来保证实验结果准确可靠,从而培养学生良好的实验习惯、实事求是的科学态度、严谨细致的工作作风和坚韧不拔的科学品质,提高学生观察、分析和解决问题的能力,为学习后续课程和将来工作打下良好的基础。

为达到上述目的,"海洋工程流体力学实验"课程有以下基本要求。

(1)认真预习。由于仪器实验的特点,老师一般会采取大循环方式组织教学,可能会存在实验内容和讲课内容不同步的问题,这对课前预习提出了更高的要求。每次实验前学生必须明确实验目的和要求,了解实验步骤和注意事项,写好预习报告,做到心中有数。

(2)认真仔细操作仪器,如实记录,积极思考。在实验过程中,要认真地学习相关分析仪器设备的基本操作方法,在老师的指导下正确地使用仪器,严格按照规范进行操作。在实验过程中,要细心观察实验现象,及时将实验条件和现象以及分析测试的原始数据记录在实验记录本上,不得随意涂改;同时要勤于思考,积极主动分析问题,培养良好的实验习惯和科学作风。

(3)认真撰写实验报告。学生应根据实验记录,对实验数据进行认真整理、计算、分析和归纳总结,并仔细分析实验现象,及时完成实验报告。实验报告一般包括实验名称、实验日期、实验目的和原理、主要试剂与仪器及其工作条件、实验步骤、实验数据与分析处理、实验结果和讨论。实验报告应简明扼要，条理清晰，图表数据表达规范。

（4）严格遵守实验室各项规则，注意实验安全。学生应保持实验室安静、整洁，应保持实验台面清洁，仪器和试剂应按照规定摆放整齐且有序；爱护实验仪器设备，实验中如发现仪器无法正常工作，应及时报告老师；实验中要注意节约使用试剂与耗材，小心使用电、水和有毒或具腐蚀性的试剂。每次实验结束后，应及时将所用的试剂及仪器归位，将使用过的器皿清洗干净，整理好实验室。

第二节　实验的一般知识

一、实验室管理制度

（1）各实验室必须确定设备、安全与卫生责任人，分别负责实验室设备、安全与卫生管理工作。

（2）仪器设备责任人须切实掌握仪器设备的结构原理、性能指标、操作程序、维护保养及有关注意事项，责任人负责保管仪器的技术资料及附件。

（3）使用仪器设备必须严格遵循操作规程，任何仪器及物品的使用须按照各自的具体使用规则及注意事项执行。仪器使用完毕，须认真填写仪器的使用记录。

（4）大型精密仪器设备或特殊仪器设备必须指定专（兼）职技术负责人，初次操作的人员上机前必须经过培训，考核合格后发放上机证，凭上机证上机操作，无证人员不准擅自操作设备。仪器运行过程中，有关人员不得离岗，并按规定随时或定时观察仪器设备的各种参数变化。

（5）设备、材料应妥善保管，由专人负责，远离热源。剧毒、麻醉药品应设专柜，由两人共同保管。接触腐蚀性、放射性或有毒实验材料时要做好个人防护，放射性废物要按有关规定专门处理。

（6）使用烤箱、电热板等加热设备时，必须认真检查各设备之间及外接线（件）是否连接正确、正常，核查电源插头是否正确插接，检查设备是否处于正常状态，使用期间必须有人看守，防止意外发生。

（7）使用过程中若遇故障，应停止使用并立即报告仪器管理人，及时做好故障情况记录，除采取必要安全措施外，非专业人员禁止擅自拆卸设备。因违反操作规程致仪器损坏者要追查责任，并根据有关规定处理。

（8）每次实验完毕，应及时关闭水、电，将实验器材物归原处，并及时清除废物，保持实验台面、地面的整洁，用过的器械必须清洗干净。大型精密仪器每次使用完毕，使用人都须及时将日期、使用情况、使用时数、累计时数、仪器运行状况等按规定记入仪器使用登记簿，作为大型精密仪器使用效益评估的原始依据。最后，使用人须签上自己的姓名。

（9）实验室内严禁吸烟，实验人员应节约水电，离开实验室时应关好水、电开关和门窗，特别是停水、停电时应专门检查，不得疏忽，以防意外事故发生。

二、实验守则

实验室是进行教学和科研的重要场所,为保证实验工作能正常进行,培养学生和科研人员严谨、细致的科学作风,特制定如下规则。

(1)实验室是实验教学和科研的重要基地,进入实验室必须严格遵守实验室的各项规章制度和实验操作规程。

(2)实验前要认真预习实验指导书内的实验内容,明确实验目的、原理、步骤,熟悉设备安全操作须知。准备程序完毕,经实验指导老师许可,方可开始实验。对未预习或无故迟到者,指导老师有权终止其实验。

(3)爱护仪器设备及设施,未经实验室指导老师许可,不得乱动任何仪器设备,不得擅自拆卸仪器或将其带出实验室。如发现仪器设备故障,应立即报告,不得自行处置。

(4)实验中须听从老师指导,认真观察和分析实验现象,如实记录实验数据,认真完成实验报告,不得抄袭他人的实验结果。

(5)实验中要节约使用实验材料,废物、废液应放入指定的废物桶或回收容器中,严禁倒入水槽内或其他地方;凡涉及有毒气体的实验,都应在通风橱中进行。

(6)实验完毕后,要及时整理好仪器、药品和其他实验材料,将仪器设备恢复到实验前的状态并归位,清洁实验台面,关好水、电、气开关和门窗,经实验指导老师检查认可后,方可离开实验室。

(7)自觉维护实验室的安静、整洁、卫生。

(8)凡违反规定造成实验室安全事故和经济损失者,须承担相关处罚和赔偿责任。

三、实验室仪器设备管理制度

(1)实验室的仪器设备是学校实验教学、科学研究的物质条件保障。必须加强仪器设备的管理,保证仪器设备的账、卡、物相符,维持仪器设备的完好率,提高仪器设备的使用效率。

(2)仪器设备的使用要严格按照操作规程,杜绝违章、盲目操作。严禁随意移动仪器设备,发现故障应及时采取措施,出现事故要立即上报。对因违规操作、擅自拆改、更换软件等行为造成的仪器设备损坏和教学事故,当事人要写书面报告、检讨原因、承担赔偿责任。

(3)管理人员要定期检查仪器设备,发现问题及时维修,消除一切不安全因素,防止人身和设备事故的发生。仪器设备使用完毕,要在确保安全的情况下,关闭电源,恢复到使用前的状态并归位,按规定填写使用记录。确认已丧失效能且无修复价值的设备应及时报废处理。

(4)实验室仪器设备原则上不得外借,如有特殊的教学或科研需要,必须在不影响正常实验教学的前提下,经学院分管领导签字同意,并按学校规定办理相关手续后方能外借,使用完毕后应立即归还。对于精密贵重且稀缺的大型仪器,外借必须经校领导批准。

(5)精密贵重仪器设备必须有专人负责管理,并建立技术档案和制订详细的操作规程,技术档案要妥善保存。每次使用、检测、维护、维修后应及时填写仪器设备使用管理记录,建立设备运行的动态档案备查。

(6)实验室仪器设备如丢失或损坏,当事人除承担相应的经济赔偿责任外,还要视情节轻重,予以批评教育、行政处分,直至追究刑事责任。

(7)仪器设备的操作规程,由各实验室根据不同的仪器设备分别制定。未尽事宜,参照学校有关规定处理。

四、实验用水

实验用水一般是蒸馏水或去离子水,部分实验应使用纯水[11],有些实验要求用二次蒸馏水或更高规格的纯水(如电分析化学、液相色谱、质谱等实验)。纯水并非绝对不含杂质,只是杂质含量极少而已。实验用水的级别及主要技术指标参考《分析实验室用水规格和试验方法》(GB/T 6682—2008),具体指标见表1-1[12]。

表1-1 实验用水的级别及主要技术指标

指标名称	单位	一级	二级	三级
pH值范围(25℃)	—	—	—	5.0～7.5
电导率(25℃)	mS/m	≤0.01	≤0.01	≤0.50
可氧化物质含量(以O计)	mg/L	—	≤0.08	≤0.4
吸光度(254nm,1cm光程)	—	≤0.001	≤0.01	—
蒸发残渣[(105±2)℃]	mg/L	—	≤1.0	≤2.0
可溶性硅(以SiO_2计)	mg/L	≤0.01	≤0.02	—

第三节 实验室安全与卫生管理制度

(1)实验室负责人全面负责实验室的安全与卫生工作,各实验老师负责各具体实验室的安全与卫生管理工作,同时进入各实验室的学生有协助实验老师完成该实验室安全与卫生任务的义务。

(2)实验室钥匙由专人负责保管,严禁私自转交他人或配置,负责人外出时,应按流程暂请他人代管。无关人员不得擅自进入实验室,不得在实验室内进行与实验无关的活动。

(3)实验室要做好防火、防水、防盗工作,在停电、停水时,必须拉断电源、关闭水源,关(锁)好门窗后方可离开实验室。寒、暑假期间,不使用的实验室应在门上贴封条,并安排人员值班、检查。如发生被盗事件,及时向领导及保卫部门报告,并注意保护现场。

(4)产生"三废"的特殊实验室要配备防爆、防毒、防破坏的基本设备和制订预案[13]。采取的安全措施有:剧毒、易燃、易爆物品应分类存放;高压容器、易燃与助燃气瓶应分开放置,并均有专人负责管理。实验室工作人员须熟悉本实验室的安全配备要求和消防器材的使用方法。

(5)实验室的大型、精密、稀缺、贵重仪器设备应配有安全操作规程。学生进入实验室之前必须进行安全通识教育,让学生了解与本实验室有关的实验操作规程与注意事项。学生在实验过程中的安全由指导老师负责。

(6)实验室内及通道应保持清洁、畅通,严禁在实验室内吸烟、饮食。实验仪器设备应布局合理、摆放整齐,实验室的桌面、墙面、门窗和设备应无积灰、蛛网及杂物。应定期对实验室进行检查,保持良好的实验环境。

(7)实验室工作人员要牢固树立"预防为主,安全第一"的观念,坚持"谁主管,谁负责"的原则[14]。若因违反学校安全制度和实验操作规程,玩忽职守,造成各类安全事故,学校将按有关法律法规、行为规范追究事故责任人和领导的责任,并给予相应的处罚。

第四节 实验数据记录和处理

实验过程中,会有各种各样的参数和实验数据需要记录。虽然现在仪器的自动化程度较高,很多仪器也配有十分方便、快捷的数据处理平台,但熟练掌握数据记录和处理方法对于每个人都是必要的,这有助于获取更准确的实验结果[15-16]。

一、实验数据的记录

在实验中,学生应本着实事求是、严谨的科学态度,认真并及时准确地记录各种测量数据,养成良好的数据记录习惯,使用固定的实验记录本,不要过分依赖计算机。切忌拼凑或伪造实验数据。在记录实验数据时要注意以下几点。

(1)应首先记录实验名称、实验日期、实验室气候条件(温度、湿度等)、仪器型号、仪器参数、测试条件等。

(2)测量数据时,应根据实验要求、仪器精度正确处理有效数字的位数。记录的数据不仅要反映数值的大小,更要反映方法的准确度和精密度。

(3)要真实、全面地记录数据,不要漏记。实验完毕后,将完整的实验数据记录交给实验指导老师检查并签字。

二、实验数据的处理

实验数据的呈现方法有多种,主要分为以下 4 类。

1. 列表法

列表法是直接将实验数据整理好后列入表格,是最基本的数据整理方法,具有简单、明了、便于比较的特点,也是其他数据处理方法的基础。

2. 图解法

图解法是将各实验变量之间的变化规律在一定的坐标系中绘制成图,可以直观地观察到极值、转折点、周期性、变化速度等有关变量的特征,便于分析研究。这种方法现在一般都是通过计算机相关处理软件进行。

3. 数学模型

通常实验变量的变化符合一定规律,为更好地对各变量之间的变化规律进行描述,可以利用各种数学运算方法,如微分、积分、极值、周期、插值、平滑等进行数据预处理,并采用拟合或回归分析的手段求出回归方程来表达实验变量的内在变化规律。从相关变量中找出合适的数学方程式的过程称为回归,也称为拟合,得到的数学方程式称为回归方程,并同时可以通过相关系数或方差分析进行数据相关性分析。

在绝大多数仪器分析校正方法中,最常用的方法是标准曲线法,即一元线性回归,基本数学形式为 $y=ax+b$,只在少数情况下可能会用到抛物线或多项式数学校正模型,还可能会用到较为复杂的多变量数学模型和矩阵迭代运算。

4. 数据处理软件

传统的数据处理过程是通过手工计算、绘图等完成的,但随着计算机的广泛应用,功能日益丰富的应用软件不断涌现,可以方便、及时地对实验数据进行快速处理,甚至进行手工计算较难完成的复杂数学处理,如傅里叶变换、拉普拉斯变换等。目前,最常用的几种数据处理软件为 Excel、Origin、MATLAB、SPSS、Python 等运算处理、统计分析或编程软件,它们可以非常方便、快捷地处理规模大小不等的实验数据,并快速实现数据可视化。其中,Excel、Origin 等运算软件非常适合即时处理数据,通过简单 VBA 编程也可进行较大规模的数据自动化处理;MATLAB、Python 等则可以通过编写脚本程序实现大规模数据的复杂数学处理和分析[17]。

数据的处理远不止上述内容。因为数据本身的误差客观存在,且无法避免,所以不可避免地要对实验数据进行统计处理。在仪器分析实验中,一般涉及的处理包括计算平均值、标准偏差、变异系数和可疑值取舍等。这些在相关教材中都有相应的介绍[18-19]。

第二章 流体静力学实验

实验一 流体静力学综合实验

一、实验目的和要求

(1)掌握用测压管测量流体静压强的方法。
(2)验证不可压缩流体静力学基本方程。
(3)测定油的密度。
(4)通过对诸多流体静力学现象的观察分析,加深对流体静力学基本概念理解,提高解决静力学实际问题的能力。

二、实验原理

1. 基本方程

在重力作用下不可压缩流体静力学基本方程为

$$z + \frac{p}{\rho g} = C \quad \text{或} \quad p = p_0 + \rho g h \tag{2-1}$$

式中:z 为被测点相对基准面的位置高度;p 为被测点的静水压强(用相对压强表示,下同);p_0 为水箱中液面的表面压强;ρ 为液体密度;h 为被测点的液体深度;g 为重力加速度。

2. 油密度测量原理

本实验油密度测量的实验装置如图 2-1 所示,根据装置的特征具体有以下两种方法。

(1)方法一:测定油的密度 ρ_o,简单的方法是利用图 2-1 所示实验装置中的 U 型测压管 8,再另备一根直尺进行直接测量。实验时需打开通气阀 4,使 $p_0=0$。若水的密度 ρ_w 为已知值,如图 2-2 所示,由等压面原理则有

$$\frac{\rho_o}{\rho_w} = \frac{h_1}{H} \tag{2-2}$$

(2)方法二:不另备测量尺,只利用图 2-3 中带标尺测压管 2 的自带标尺测量。先用加压打气球 5 打气加压使 U 型测压管 8 中的水面与油水交界面齐平,如图 2-3a 所示,有

$$p_{01} = \rho_w g h_1 = \rho_o g H \tag{2-3}$$

再打开减压阀 11 降压,使 U 型测压管 8 中的水面与油面齐平,如图 2-3b 所示,有

$$p_{02} = -\rho_w g h_2 = \rho_o g H - \rho_w g H \tag{2-4}$$

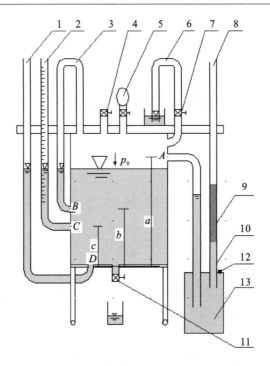

1.测压管;2.带标尺测压管;3.连通管;4.通气阀;5.加压打气球;6.真空测压管;7.截止阀;
8.U型测压管;9.油柱;10.水柱;11.减压阀;12.排气阀;13.油水分离桶。

图 2-1 流体静力学综合实验装置图

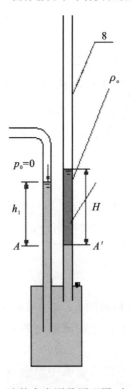

图 2-2 油的密度测量原理图(方法一)

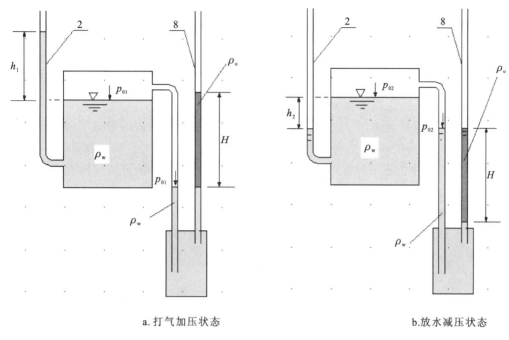

a. 打气加压状态　　　　　　　b. 放水减压状态

图 2-3　油密度测量原理图(方法二)

联立两式则有

$$\frac{\rho_\text{o}}{\rho_\text{w}} = \frac{h_1}{h_1 + h_2} \tag{2-5}$$

三、实验装置

1. 实验装置简图

实验装置及各部分名称如图 2-1 所示。

2. 装置说明

(1) 流体测点静压强的测量方法之一(测压管):流体的流动要素有压强、水位、流速、流量等。压强的测量方法有机械式测量方法与电测法,测量的仪器有静态与动态之分。测量流体点压强的测压管属机械式静态测量仪器。测压管一端为连通流体被测点,另一端为连通大气的透明管,适用于测量流体测点的静态低压范围内的相对压强,测量精度为 1mm。测压管根据形状分为直管型和 U 型。直管型测压管如带标尺测压管 2[①] 所示,测点压强 $p = \rho g h$,h 为测压管液面至测点的竖直高度。U 型测压管如测压管 1 与 U 型测压管 8 所示。使用直管型测压管时要求液体测点的绝对压强大于当地大气压,否则因气体流入测点而无法测压;U 型测压管可测量液体测点的负压,如测压管 1 所示,即当测压管液面低于测点时;

---

① 说明:书中提及的仪器部件编号均指本书实验的实验装置图中的编号,如"带标尺测压管 2"为图 2-1 中"2. 带标尺测压管"。后述各实验中提及的仪器部件编号也均指相应实验装置图中的编号。

U型测压管还可测量气体的点压强,如 U型测压管 8 所示,一般 U型管中为单一液体(本装置因其他实验需要在 U型测压管 8 中装有油和水两种液体),测点气压为 $p=\rho g\Delta h$,Δh 为 U型测压管两液面的高度差,当管中接触大气的自由液面高于另一液面时 Δh 为"+",反之 Δh 为"一"。为避免受毛细管作用影响,测压管内径应为 8~10mm。本装置采用毛细现象弱于玻璃管的透明有机玻璃管作为测压管,内径为 8mm,毛细高度仅为 1mm 左右。U型管底部装有油水分离小桶,防止测油密度时油倒灌进入测量桶内。

(2)恒定液位测量方法之一(连通管):测量液体的恒定水位的连通管属机械式静态测量仪器。连通管一端为被测液体,另一端为开口于被测液体表面上方空腔的透明管,如连通管 3 所示。敞口容器中的测压管也是测量液位的连通管。连通管中的液体液位直接显示了容器中的液位,用毫米刻度标尺即可测读水位值。本装置中连通管与各测压管同为等径透明有机玻璃管。液位测量精度为 1mm。

(3)所有测管液面标高均以带标尺测压管 2 的零点高程为基准。

(4)测点 B、C、D 位置高程的标尺读数值分别以 ∇_B、∇_C、∇_D 表示,若同时取标尺零点作为静力学基本方程的基准,则 ∇_B、∇_C、∇_D 亦为 z_B、z_C、z_D。

(5)本仪器中所有阀门旋柄均以顺管轴线为开。

3.基本操作方法

(1)设置 $p_0=0$:打开通气阀 4,此时实验装置内压强 $p_0=0$。

(2)设置 $p_0>0$:关闭通气阀 4、减压阀 11,通过加压打气球 5 对装置打气,可对装置内部加压,形成正压。

(3)设置 $p_0<0$:关闭通气阀 4、加压打气球 5 底部阀门,开启减压阀 11,可对装置内部减压,形成真空。

(4)水箱液位测量:在 $p_0=0$ 条件下读取带标尺测压管 2 的液位值,即为水箱液位值。

四、实验内容与方法

1.定性分析实验

(1)测压管和连通管判定:根据测压管和连通管的定义,实验装置中测压管 1、带标尺测压管 2、真空测压管 6、U型测压管 8 都是测压管,当通气阀关闭时,连通管 3 中无自由液面,是连通管。

(2)测压管高度、压强水头、位置水头和测压管水头判定:测点的测压管液面高度即为压强水头 $\dfrac{p}{\rho g}$,不随基准面的选择而变,位置水头 z 和测压管水头 $z+\dfrac{p}{\rho g}$ 随基准面选择而变。

(3)观察测压管水头线:测压管液面的连线就是测压管水头线。打开通气阀 4,此时 $p_0=0$,那么测压管 1、带标尺测压管 2、连通管 3 均为测压管,从这 3 个管液面的连线可以看出,对于同一种静止液体,测管水头线处在同一水平线。

(4)判别等压面:关闭通气阀 4,打开截止阀 7,用加压打气球稍加压,使 $\dfrac{p_0}{\rho g}$ 为 0.02m 左右,判别下列几个平面是不是等压面。

①过 C 点作一水平面,就测压管 1、带标尺测压管 2、U 型测压管 8 及水箱中液体而言,这个水平面是不是等压面?

②过 U 型测压管 8 中的油水分界面作一水平面,就 U 型测压管 8 中液体而言,这个水平面是不是等压面?

③过真空测压管 6 中的液面作一水平面,就真空测压管 6 中液体和方盒中液体而言,该水平面是不是等压面?

根据等压面判别条件:质量力只有重力、静止、连续、均质、同一水平面,可判定上述①和②中的水平面是等压面。在①平面中,就测压管 1、带标尺测压管 2 及水箱中液体而言,它是等压面,但相对 U 型测压管 8 中的水或油来讲,它都不是同一等压面。

(5)观察真空现象:打开减压阀 11 降低箱内压强,使带标尺测压管 2 中的液面低于水箱液面,这时箱体内 $p_0<0$,再打开截止阀 7,在大气压力作用下,真空测压管 6 中的液面就会升到一定高度,说明箱体内出现了真空区域(即负压区域)。

(6)观察负压下真空测压管 6 中液位变化:关闭通气阀 4,开启截止阀 7 和减压阀 11,待空气自带标尺测压管 2 进入圆筒后,观察真空测压管 6 中的液面变化。

2.定量分析实验

(1)测点静压强测量:根据基本操作方法,分别在 $p_0=0$、$p_0>0$、$p_0<0$ 与 $p_B<0$ 条件下测量水箱液面标高∇_0和带标尺测压管 2 液面标高∇_H,分别确定测点 A、B、C、D 的压强 p_A、p_B、p_C、p_D。

(2)油的密度测定拓展实验:根据实验原理,分别用方法一与方法二测定油的容重;实验数据处理与分析参考第五部分"数据处理及成果要求"。

五、数据处理及成果要求

1.记录有关信息及实验常数

实验设备名称:<u>　流体静力学综合实验仪　</u>　　实验台号:_____

实　验　者:_____　　　　　　　　实验日期:_____

各测点高程为$\nabla_B=$ __1.80__ $\times 10^{-2}$m,$\nabla_C=$ __−2.70__ $\times 10^{-2}$m,$\nabla_D=$ __−5.70__ $\times 10^{-2}$m。

基准面选在带标尺测压管 2 标尺零点上,$z_C=$ __−2.70__ $\times 10^{-2}$m,$z_D=$ __−5.70__ $\times 10^{-2}$m。

2.实验数据记录及结果计算

实验数据记录及结果计算参考表 2−1、表 2−2。

3.成果要求

(1)回答"定性分析实验"中的有关问题。

(2)由表中数据得出的测压管水头值$\left(z_C+\dfrac{p_C}{\rho g}、z_D+\dfrac{p_D}{\rho g}\right)$,验证流体静力学基本方程。

(3)测定油的密度,对两种实验结果进行比较。

表 2-1 流体静压强测量记录及计算表

单位:10⁻² m

实验条件	次序	水箱液面 ∇_0	测压管液面 ∇_H	压强水头 $\dfrac{p_A}{\rho g}=\nabla_H-\nabla_0$	$\dfrac{p_B}{\rho g}=\nabla_H-\nabla_B$	$\dfrac{p_C}{\rho g}=\nabla_H-\nabla_C$	$\dfrac{p_D}{\rho g}=\nabla_H-\nabla_D$	测压管水头 $z_C+\dfrac{p_C}{\rho g}$	$z_D+\dfrac{p_D}{\rho g}$
$p_0=0$	1	14.10	14.10	0	12.30	16.80	19.80	14.10	14.10
$p_0>0$	1	14.10	23.70	9.60	21.90	26.40	29.40	23.70	23.70
$p_0>0$	2	13.80	18.30	4.50	16.50	21.00	24.00	18.30	18.30
$p_0<0$	1	14.10	12.00	−2.10	10.20	14.70	17.70	12.00	12.00
(一次 $p_B<0$)	2	14.00	1.20	−12.80	−0.60	3.90	6.90	1.20	1.20

表 2-2 油的密度测定记录及计算表

实验条件	次序	水箱液面 ∇_0 10^{-2} m	测压管2液面 ∇_H 10^{-2} m	$h_1=\nabla_H-\nabla_0$ 10^{-2} m	$\bar{h}_1$ 10^{-2} m	$h_2=\nabla_0-\nabla_H$ 10^{-2} m	$\bar{h}_2$ 10^{-2} m	$\dfrac{\rho_o}{\rho_w}=\dfrac{\bar{h}_1}{\bar{h}_1+\bar{h}_2}$ $\dfrac{\rho_o}{\rho_w}=0.82$
$p_0>0$,且"U"型管中水面与油水交界面齐平	1	14.10	23.70	9.60	9.58			
	2	14.10	23.65	9.55				
	3	14.10	23.70	9.60				
$p_0<0$,且"U"型管中水面与油面齐平	1	14.10	12.00			2.10	2.08	
	2	14.10	12.00			2.10		
	3	14.10	12.05			2.05		

六、注意事项

(1)用打气球加压、减压时操作须缓慢,以防液体溢出及油吸附在管壁上;打气后务必关闭打气球下端阀门,以防漏气。

(2)进行真空实验时,放出的水应通过水箱顶部的漏斗倒回水箱中。

(3)在实验过程中,装置的气密性要求保持良好。

七、分析思考题

(1)绝对压强与相对压强、相对压强与真空度之间有什么关系?测压管能测量何种压强?

(2)若测压管太细,会对测压管液面读数造成什么影响?

(3)本实验所用测压管内径为 0.008m,圆筒内径为 0.20m,仪器在加气增压后,水箱液面下降高度为 δ,而测压管液面升高高度为 H。进行实验时,若近似以 $p_0=0$ 时的水箱液面读值作为加压后的水箱液位值,那么测量误差 δ/H 为多少?

实验二 静压传递自动扬水仪实验

一、实验目的和要求

(1)本仪器是利用液体静压传递,通过能量转换自动扬水的教学实验仪器。利用流体的静压传递特性、"静压奇观"的工作原理及生产条件、虹吸原理等进行实验分析研究,培养学生的实验观察分析能力,提高学习兴趣。

(2)加深对压强传递规律的理解。

(3)掌握静水压力的传递过程和传递方式,明确静水压力传递的概念。

二、实验原理

在密封容器中,当水位上升时,静水总压力增加,引起容器顶部密封气体气压的增加,由于气体能进行压力的等压传递,因而下部密封容器静水总压力可由气体传递给上部密封容器中的静水,进而可在上部密封容器内产生扬水景观。同样下部密封容器静水压力增加时会使虹吸管进水管水位升高,进而产生虹吸现象。

三、实验装置

1. 实验装置简图

实验装置及各部分名称如图 2-4 所示。

2. 装置说明

(1)该套实验装置包括自循环供水、虹吸式排水和逆止阀式自动补水等装置,可往复地

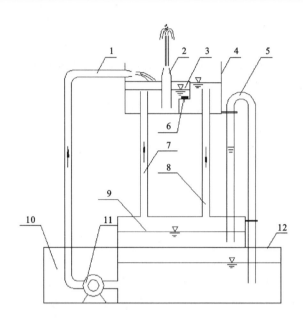

1.供水管;2.扬水管与喷头;3.上密封压力水箱;4.上集水箱;5.虹吸管;6.逆止阀;7.通气管;8.下水管;9.下密封压力水箱;10.水泵、电气室;11.水泵;12.下集水箱。

图 2-4　静压传递扬水仪装置图

连续工作。

(2)采用大出水量的喷泉型扬水仪,喷射高度高,"静压奇观"鲜明,实验原理清晰。

(3)装置全由透明有机玻璃制作,内部结构一目了然,造型美观。打开或关闭进水阀门时动作要缓慢,不要急速地开、关。

3.功能

(1)用以演示静压传递作用下自动扬水的"静压奇观"水力现象。

(2)分析流体静压传递特性。

(3)通过实验分析"静压奇观"水力原理、发生条件以及虹吸原理。

4.技术特性

(1)该仪器为由上密封压力水箱、下密封压力水箱、扬水管、虹吸管和逆止阀等组成,并与水泵、可控硅无级调速器、水泵过热保护器及集水箱等固定装配在一起的自循环式静压传递实验仪器。

(2)该仪器的工作环境为常温常压。

(3)扬水喷射高度大于30cm。

(4)仪器功率为70W。

(5)仪器尺寸长×宽×高为70cm×15cm×80cm。

5.安装使用说明

(1)检查:仪器拆箱以后,按说明书检查各个部件是否完好无损。

(2)空转实验:放水前先通电实验,接通电源,顺时针旋转调速旋钮,水泵启动,检查运转及调速功能是否正常。

(3)放水实验:优选蒸馏水,加水至下集水箱中的水位离箱口约3cm。然后启动水泵,检查各部分工作是否正常,应无漏水现象。

(4)调试:打开调速器开关,适当控制供水量,仪器随即自动循环工作。

四、实验内容

具有一定位置势能的上集水箱4中的水体经下水管8流入下密封压力水箱9,使下密封压力水箱9中表面压强增大,并经通气管7等压传至上密封压力水箱3,上密封压力水箱3中的水体在表面压强作用下经过扬水管与喷头2喷射到高处。本装置的喷射高度可达30cm以上。当下密封压力水箱9中的水位满顶后,水压继续增大,直到虹吸管5工作,使下密封压力水箱9中的水体排入下集水箱12。由于下密封压力水箱9与上密封压力水箱3中的表面压强同时降低,逆止阀6被自动开启,水自上集水箱4流入上密封压力水箱3。这时上集水箱4中的水位低于下水管8的进口处水位,当下密封压力水箱9中的水体排完以后,上集水箱4中的水体在水泵11的作用下,亦逐渐浸过下水管8的进口处,于是第二次扬水循环开始。如此周而复始,形成了自循环式静压传递自动扬水的"静压奇观"现象。

五、成果分析

1."静压奇观"不是"永动机"

世界上没有也不可能有永动机,那么水怎么能自动流向高处呢?同样"静压奇观"做功所需的能量来自何处?这是由于部分水体从上集水箱4落到下密封压力水箱9,它的势能传递给了上密封压力水箱3中的水体,从而使其获得了能量。经能量转换,势能转换成动能,水才能喷向高处。从总能量来看,在静压传递过程中,能量只有损耗,没有再生,因此"静压奇观"的现象实际上是一个能量传递与转换的过程。

2.喷水高度与落差的关系

上集水箱4与下密封压力水箱9的高度差越大,则下密封压力水箱9与上密封压力水箱3中的表面压强越大,喷水高度也越高。利用本装置原理,可以设计具有实用性的提水设施,它可把半山腰的水源送到山顶,这种提水装置的优点是无传动部件、经济实用。

3.虹吸现象及产生条件

本装置中的虹吸管相当于一个带有自动阀门的旁通管。当下密封压力水箱9没有满顶时,由于水体自上集水箱4进入下密封压力水箱9,部分势能变成了动能,并被耗损,虹吸管中水位较低(未满管),不可能流动。而当下密封压力水箱9满顶后,动能减小,耗损降低。当上集水箱4中的水位超过虹吸管顶时,必然导致虹吸管中的水满管流出。虹吸管工作之后,下密封压力水箱9中的表面压强很快降低至大气压,这时虹吸管仍能连续出水,直至下密封压力水箱9中水体排光,这是因为具备了虹吸管的出口水位低于下密封压力水箱9中的水位这一工作条件。

实验三　平面上的静水总压力测量实验

一、实验目的和要求

(1)掌握测定矩形平面上的静水总压力的方法。
(2)验证静水压力理论的正确性。

二、实验原理

1.静止液体作用在任意平面上的总压力

静水总压力求解,包括大小、方向和作用点。图 2-5 中 MN 是与水平面形成 θ 角的一斜置任意平面的投影线。右侧承受水的作用,受压面面积为 A。C 代表受压平面的形心,F 代表平面上静水总压力,D 代表静水总压力的作用点。

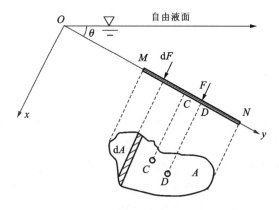

图 2-5　任意平面上的静水总压力

作用在任意方位,任意形状平面上的静水总压力 F 的大小等于受压面面积与其形心点 C 所受静水压强 p_C 的乘积,即

$$F = \int_A \mathrm{d}F = p_C A \tag{2-6}$$

总压力的方向沿受压面的内法线方向。

2.矩形平面上的静水总压力

设一矩形平面倾斜置于水中,如图 2-6 所示。矩形平面顶距水面高度为 h,矩形平面底距离水面高度为 H,且矩形宽为 b,高为 a。

(1)总压力大小 F 为

$$F = \frac{1}{2}\rho g(h+H)ab \tag{2-7}$$

合力作用点距底的距离 e 为

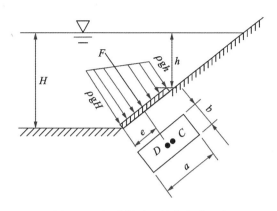

图 2-6 矩形斜平面的静水总压力

$$e = \frac{a}{3} \cdot \frac{2h+H}{h+H} \tag{2-8}$$

(2)若压强为三角形分布,则 $h=0$,总压力为

$$F = \frac{1}{2}\rho g H a b \tag{2-9}$$

合力作用点距底的距离为

$$e = \frac{a}{3} \tag{2-10}$$

(3)若作用面是垂直放置的,如图 2-7 所示,可令

$$h = \begin{cases} 0 & (H < a) \\ H - a & (H \geqslant a) \end{cases} \tag{2-11}$$

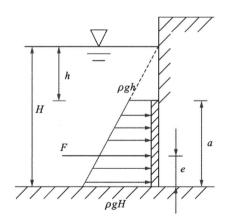

图 2-7 垂直平面上的静水总压力

即压强为梯形分布或三角形分布,其总压力均可表示为

$$F = \frac{1}{2}\rho g (H^2 - h^2) b \tag{2-12}$$

合力作用点距底距离也可表示为

$$e = \frac{H-h}{2} \cdot \frac{2h+H}{h+H} \tag{2-13}$$

三、实验装置

本实验采用电测平面静水总压力实验仪。该仪器调平容易,测读便捷,实验省时,荷载精度为0.2g,系统精度可达1%左右。

1. 实验装置简图

实验装置及各部分名称如图2-8所示。

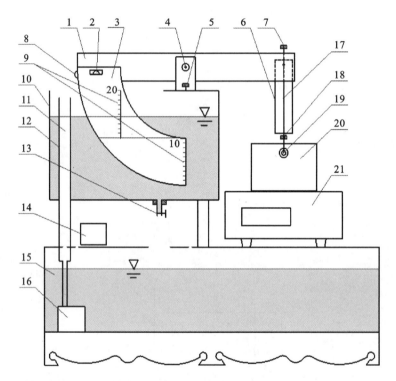

1.杠杆;2.轴向水准泡;3.扇形体;4.支点;5.横向水平调节螺丝;6.垂尺(老款式);7.杠杆水平微调螺丝;8.横向水准泡;9.水位尺;10.上水箱;11.前溢水管;12.后供水管;13.上水箱放水阀;14.开关盒;15.下水箱;16.水泵;17.挂重线;18.锁紧螺丝;19.杠杆水平粗调旋钮;20.压重体;21.电子秤。

图2-8 电测平面静水总压力实验装置图

2. 装置说明

(1)扇形体3的受力状况:扇形体3由两个同心的大小圆柱曲面、两个扇形平面和一个矩形平面组成。悬挂扇形体的杠杆1的支点转轴,位于扇形体同心圆的圆心轴上。由于静水压力垂直于作用面,扇形体大、小圆柱曲面上各点处的静水压力线均通过支点轴;而两个扇形平面所受的水压力大小相等、作用点相同、方向相反。上述结构表明,无论水位高低,以上各面上的静水压力,对杠杆均不产生作用,扇形体上唯一能对杠杆平衡起作用的静水作用面是矩形平面。

(2)测力机构:测力机构由系在杠杆右端螺丝上的挂重线、压重体和电子秤组成(图2-9)。由于压重体的质量较大,即使在扇形体完全离水时,也不会将压重体吊离电子秤。一旦扇形体浸水,在静水压力作用下,通过杠杆效应,挂重线上的预应力减小,并释放到电子秤上,使电子秤上的质量力增加。由此,根据电子秤的读值及杠杆的力臂关系,便可测量矩形平面的静水总压力。

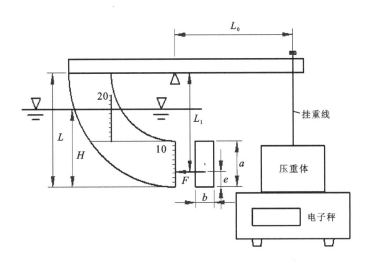

图2-9 测力机构

3.基本操作方法

(1)上水箱水位的调节通过打开水泵16供水,或打开阀13放水来实现。

(2)杠杆的轴向水平标准是杠杆水平微调螺丝7的水准泡居中。由杠杆水平粗调旋钮19(收、放挂重线)进行粗调,调节前须松开锁紧螺丝18,调节后须拧紧。水平微调由杠杆水平微调螺丝7完成。

(3)横向水平标准是横向水准泡8居中,可通过横向水平调节螺丝5完成。

(4)对于老款式仪器,可用带镜面的垂尺6校验挂重线17的垂直度。移动压重体位置使挂重线与垂尺中的垂线重合(新款仪器无须调节,自动保持垂直度)。

(5)用水位尺9测量水位,用电子秤测量质量力。须在上水箱加水前将杠杆在轴向与横向调平,并在调平后将电子秤皮重清零;若不能清零,可重启电子秤电源,电子秤可自动清零。

四、实验内容

(1)测量扇形体垂直矩形平面上的静水总压力大小,其作用点位置可由理论公式计算确定。力与力臂关系见图2-9。

(2)要求在压强分布形式分别为三角形分布和梯形分布条件下,在不同水位各测量2~3次。测量方法参照"基本操作方法"部分,每次测读前均须检查调节水平度。

(3)实验结束后,放空上水箱,调平仪器,检查电子秤是否回零。一般回零残值在1～2g,若过大,应检查原因并重新测量。

(4)实验数据处理与分析参考第五部分"数据处理及成果要求"。

五、数据处理及成果要求

1. 记录有关信息及实验常数

实验设备名称：__电测平面静水总压力实验仪__　　　　　实验台号：_____

实　验　者：_____　　　　　实验日期：_____

杠杆臂距离 $L_0 = $ __22.50__ $\times 10^{-2}$ m,扇形体垂直距离(扇形半径)$L = $ __25.00__ $\times 10^{-2}$ m,扇形体剖面宽 $b = $ __8.00__ $\times 10^{-2}$ m,矩形端面高 $a = $ __9.80__ $\times 10^{-2}$ m,$\rho = $ __1.0×10³__ kg/m³。

2. 实验数据记录及结果计算

实验数据记录及结果计算参考表2-3、表2-4。

表2-3　测量记录表格

压强分布形式	实验序次	水位读数 H 10^{-2} m	水位读数 h 10^{-2} m	电子秤读数 m 10^{-3} kg
三角形分布	1	4.40	0	81.8
三角形分布	2	6.70	0	179.5
三角形分布	3	9.10	0	321.4
梯形分布	4	12.20	2.40	536.0
梯形分布	5	14.70	4.90	706.2
梯形分布	6	16.37	6.57	822.4

注：$h = \begin{cases} 0 & (H < a) \\ H - a & (H \geq a) \end{cases}$。

表2-4　实验计算结果表格

压强分布形式	实验序次	作用点距底距离 e 10^{-2} m	作用力距支点垂直距离 L_1 10^{-2} m	实测力矩 M_0 10^{-2} N·m	实测静水总压力 $F_{实测}$ N	理论静水总压力 $F_{理论}$ N	相对误差 ε
三角形分布	1	1.47	23.53	18.04	0.77	0.76	0.013
三角形分布	2	2.23	22.77	39.58	1.74	1.76	−0.011
三角形分布	3	3.03	21.97	70.87	3.23	3.25	−0.006
梯形分布	4	3.80	21.20	118.19	5.58	5.61	−0.005
梯形分布	5	4.08	20.92	155.72	7.44	7.53	−0.012
梯形分布	6	4.20	20.80	181.34	8.72	8.81	−0.010

注：$e = \dfrac{H-h}{3} \cdot \dfrac{2h+H}{h+H}$，$L_1 = L - e$，$M_0 = mgL_0$，$F_{实测} = \dfrac{M_0}{L_1}$，$F_{理论} = \dfrac{1}{2}\rho g(H^2 - h^2)b$，$\varepsilon = \dfrac{F_{实测} - F_{理论}}{F_{理论}}$。

3. 成果要求

由表 2-4 结果可知，静水总压力的实测值与理论值相比较，最大误差不超过 2%，验证了平面静水总压力计算方法的正确性。

本实验欠缺之处是总压力作用点的位置是由理论计算确定，而不是由实验测定的。若要求通过实验确定作用点的位置，则必须重新设计实验仪器及实验方案。设计方案如下：设现有实验仪器为仪器 A，新设计仪器为仪器 B。A、B 两套实验仪器除扇形体半径不同外，其余尺寸均完全相同。例如仪器 A 的 $L_A=0.2500$ m，仪器 B 的 $L_B=0.1500$ m。用 A、B 两套实验仪器进行对比实验，每组对比实验的矩形平面作用水位相等，则矩形体的静水总压力 F 和合力作用点距底距离 e 对应相等。此时再分别测定电子秤读值 m_A、m_B，由下列杠杆方程即可确定 F 和 e。

$$\begin{cases}(L_A-e)F = m_A g L_0 \\ (L_B-e)F = m_B g L_0\end{cases} \quad (2-14)$$

或

$$\begin{cases} e = \dfrac{L_A - kL_B}{1-k} \\ F = \dfrac{m_A g L_0}{L_A - e}\end{cases} \quad (2-15)$$

其中 $k=\dfrac{m_A}{m_B}$。

值得注意的是，该实验对 m 的测量精度要求很高，否则 e 的误差比较大。

六、注意事项

(1) 每次改变水位，均须微调杠杆水平微调螺丝 7，使水准泡居中后，方可测读。

(2) 实验过程中，电子秤和压重体必须放置在对应的固定位置上，以免影响挂重线的垂直度。

七、分析思考题

(1) 试问作用在液面下平面图形上绝对压强的中心和相对压强的中心哪个位置更深？为什么？

(2) 分析产生测量误差的原因，指出在实验仪器设计、制作和使用中哪些因素最关键。

实验四　达西渗流实验

一、实验目的和要求

(1) 测量样砂的渗透系数 (k)，掌握特定介质渗透系数的测量方法。

(2) 通过测量透过砂土的渗流流量和水头损失的关系，验证达西定律。

二、实验原理

1. 渗流水力坡度 J

由于渗流流速很小,故流速水头可以忽略不计。因此,总水头 H 可用测压管水头 h 来表示,水头损失 h_w 可用测压管水头差 Δh 来表示,则水力坡度 J 可用测压管水头坡度来表示。

$$J = \frac{h_w}{l} = \frac{h_1 - h_2}{l} = \frac{\Delta h}{l} \qquad (2-16)$$

式中:l 为两个测量断面之间的距离(测点间距);h_1 与 h_2 分别为两个测量断面的测压管水头。

2. 达西定律

达西通过大量实验得出,渗流断面平均流速 v 和水力坡度 J 成正比,并与土壤的透水性能有关,即

$$v = k\frac{h_w}{l} = kJ \qquad (2-17)$$

或

$$q_v = kAJ \qquad (2-18)$$

式中:v 为渗流断面平均流速;k 为土质透水性能的综合系数,称为渗透系数;q_v 为渗流量;A 为圆桶断面面积;h_w 为水头损失。

式(2-18)即为达西定律,它表明渗流的水力坡度即单位距离上的水头损失与渗流流速的一次方成正比,因此也称为渗流线性定律。

3. 达西定律适用范围

达西定律有一定适用范围,可以用雷诺数公式来表示。

$$Re = \frac{vd_{10}}{\nu}$$

式中:v 为渗流断面平均流速;d_{10} 为筛分土壤颗粒时,占10%质量土粒所通过的筛分直径;ν 为水的运动黏度。一般认为当 $Re \leqslant 10$ 时(如绝大多数细颗粒土壤中的渗流),达西定律是适用的;只有在砾石、卵石等大颗粒土层中才会出现水力坡度与渗流流速不再成一次方比例的非线性渗流($Re > 10$),此时达西定律不再适用。

三、实验装置

1. 实验装置简图

实验装置及各部分名称如图 2-10 所示。

2. 装置说明

自循环供水方向如图 2-10 中的箭头所示,恒定水头由恒压水箱 1 提供,水流自下而上利于排气。实验筒 4 上口是密封的,利用出水管 16 的虹吸作用可提高实验砂的作用水头。代表渗流两断面水头损失的测压管水头差用压差计 18(气-水 U 型压差计)测量,图中实验

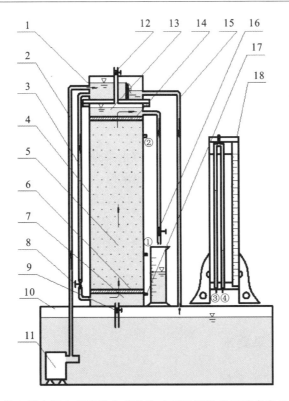

1.恒压水箱;2.供水管;3.进水管;4.实验筒;5.实验砂;6.下过滤网;7.下稳水室;8.进水阀;9.放空阀;10.蓄水箱;11.水泵;12.排气阀;13.上稳水室;14.上过滤网;15.溢流管;16.出水管(与出水阀);17.排气嘴;18.压差计。

图 2-10 达西渗流实验装置图

筒 4 上的测点①、②分别与压差计 18 上的连接管嘴③、④用连通软管连接,并在两根连通软管上分别设置管夹。被测量的介质可以用天然砂,也可以用人工砂。砂土两端附有滤网,以防细砂流失。上稳水室 13 内装有玻璃球,作用是加压以防止压力低于渗透压力时砂柱上浮。

3.基本操作方法

(1)安装实验砂:拧下上水箱法兰盘螺丝,取下恒压水箱 1,将干燥的实验砂分层装入筒内,每层高度为 20~30mm,每加一层,用压砂杆适当压实实验砂,装砂高度应低于出口 10mm 左右。装砂完毕,在实验砂上部加装上过滤网 14 及玻璃球。最后在实验筒上部装接恒压水箱 1,并在两个法兰盘之间衬垫两面涂抹了凡士林的橡皮垫,注意拧紧螺丝以防漏气漏水。接上压差计。

(2)新装干砂加水:旋开实验桶顶部排气阀 12 及进水阀 8,关闭出水阀 16、放空阀 9 及连通软管上的管夹,开启水泵对恒压水箱 1 供水,恒压水箱 1 中的水通过进水管 3 进入下稳水室 7,如若进水管 3 中存在气柱,可短暂关闭进水阀 8 予以排除。继续供水,待水慢慢浸透装砂圆筒内全部砂体,并且使上稳水室完全充水之后,关闭排气阀 12。

(3)压差计排气:完成上述步骤(2)后,即可松开两连通软管上的管夹,打开压差计顶部排气嘴旋钮进行排气,待两测压管内充水高度均达到半管高度时,迅速关闭排气嘴旋钮即可。静置数分钟,检查两测压管水位是否齐平,如不齐平,须重新排气。

(4)测流量:完全打开进水阀 8、出水阀 16,待出水流量恒定后,用重量法或体积法测量流量。

(5)测压差:测读压差计水位差。

(6)测水温:用温度计测量实验水体的温度。

(7)实验结束:如果短期内要继续实验,为防止实验筒内进气,应先关闭进水阀门 8、出水阀 16、排气阀 12 和放空阀 9(在水箱内),再关闭水泵。如果长期不进行实验,关闭水泵后将出水阀 16、放空阀 9 开启,排出砂土中的重力水,然后取出实验砂,晒干后存放好,以备下次实验再用。

四、实验内容

按照"基本操作方法"部分,改变流量 2～3 次,测量渗透系数 k,实验数据处理与分析参考第五部分"数据处理及成果要求"。

五、数据处理及成果要求

1. 记录有关信息及实验常数

实验设备名称: 达西渗流实验仪　　　　　　**实验台号:**＿＿＿＿＿＿

实　验　者:＿＿＿＿＿＿　　　　　　　　**实验日期:**＿＿＿＿＿＿

砂土名称: 人工粗砂 ,测点间距 $l=$ 30.00 $\times10^{-2}$m,砂筒直径 $d=$ 15.00 $\times10^{-2}$m, $d_{10}=$ 0.03 $\times10^{-2}$m。

2. 实验数据记录及结果计算

实验数据记录及结果计算参考表 2-5。

表 2-5　渗流实验测量记录表

实验序次	测点水头及水头压差			水力坡度 J	流量 q_v			砂筒面积 A	流速 v	渗透系数 k	水温 T	黏度 ν	雷诺数 Re
	h_1	h_2	Δh		体积	时间	流量						
	10^{-2} m				10^{-6} m³	s	10^{-6} m³/s	10^{-4} m²	10^{-2} m/s	10^{-2} m/s	℃	10^{-4} m²/s	
1	36.50	10.40	26.10	0.87	490	84.0	5.83	176.7	0.033 0	0.038 0	20.0	0.01	0.099
2													
3													
4													
5													

3. 成果要求

完成实验测量记录表,校验实验条件是否符合达西定律适用条件。

六、注意事项

(1)实验中不允许气体渗入砂土中。若在实验中,下稳水室 7 中有气体滞留,应关闭出水阀 16,打开排气嘴 17,排出气体。

(2)新装砂后,开始实验时,从出水管 16 排出的少量混浊水应当用量筒收集后予以废弃,以保持蓄水箱 10 中的水质纯净。

七、分析思考题

(1)不同流量下渗流系数 k 是否相同,为什么?

(2)装砂圆筒垂直放置或倾斜放置,对实验测得的 q_v、v、J 与渗透系数 k 有何影响?

第三章 恒定总流流体运动实验

实验五 自循环虹吸原理实验

一、实验目的和要求

(1)演示虹吸的成因和破坏及管中压强分布。
(2)测量虹吸管真空度,并确定最大真空域,满足供定性分析虹吸管流动的能量转换要求。

二、实验原理

1. 虹吸管工作原理

能量的转换及其守恒定律为

$$z_1 + \frac{p_1}{\gamma} + \frac{a_1 v_1^2}{2g} = z_2 + \frac{p_2}{\gamma} + \frac{a_2 v_2^2}{2g} + h_{w1-2} \tag{3-1}$$

式中:z_1、z_2 为两处流体位置水头;p_1/γ、p_2/γ 为两处流体压力水头;$a_1 v_1^2/2g$、$a_2 v_2^2/2g$ 为两处流体速度水头;h_{w1-2} 为两处流体之间的水头损失。

在实验中沿流观察可知,水的位能、压能、动能三者之间的互相转换明显,这是虹吸管的特征。例如,水流自测点③流到测点④,其 $p_3/\gamma > 0$,在流动过程中部分压能转换成动能和位于测点④的位能,结果测点④位置出现了真空($p_4/\gamma > 0$)。又根据弯管流量计测读出的流量,可分别算出测点③、④的水体总能量 E_3、E_4,且明显有 $E_3 > E_4$,表明流动中有水头损失存在。类似地,水自测点⑥流到测点⑦、⑧的过程中,又明显出现位能向压能的转换现象。

2. 弯管流量计工作原理

弯管流量计具有利用弯管急变流断面内外侧的压强差而随流量变化极为敏感的特性。据此特性可选用弯管流量计进行实验。使用前,须先率定,绘制 Q-Δh 曲线(本仪器已提供),实验时只要测得 Δh 和 Q,由 Q-Δh 曲线便可查得流量。

3. 虹吸阀工作原理

虹吸阀由虹吸管、真空破坏阀和真空泵3个部分组成。本虹吸仪中这3个部分分别用虹吸管2、抽气孔⑨和真空抽气咀13代替(图3-1)。虹吸阀的工作原理与虹吸管的原理工作相同,当虹吸管中气体抽除后,虹吸阀全开,当抽气孔⑨打开(拔掉软塑管)时,即破坏了真空状态,虹吸管瞬间充气,虹吸阀全关。

三、实验装置

1. 实验装置简图

实验装置及各部分名称如图 3-1 所示。

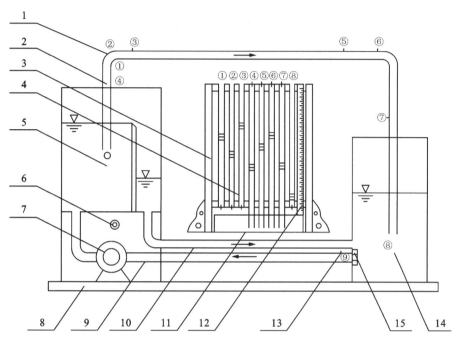

1.测点;2.虹吸管;3.测压计;4.测压管;5.高位水箱;6.调速器;7.水泵;8.底座;9.吸水管;10.溢水管;11.测压计水箱;12.滑尺;13.真空抽气咀;14.低位水箱;15.流量调节阀。

图 3-1 自循环虹吸原理实验仪

2. 装置说明

(1)本实验装置由虹吸管、高位水箱、低位水箱、测压计、测压管、水泵、可控硅无级调速器及虹吸管自动抽气装置等部件组合而成。

(2)调速器可无级调节水泵的转速,可改变流量,不用加装阀门。

(3)虹吸管由透明有机玻璃制成,测压点标号如图所示:测点①、②兼作弯管流量计测点,测压孔⑨与真空抽气咀 13 相连,各测点分别与测压计上同标号的测压管相连通。

(4)弯管流量计由测点①、②和测压管①、②组成,附有 $Q-\Delta h$ 关系曲线。实验时用滑尺测得测压管①、②的水柱高差,由曲线可确定流量。

(5)测压计由有机玻璃制成,在负压测点设置倒立式的测压管,用以测定真空。正压测点设置正立式的测压管。负压测点与正压测点可用不同颜色水显示其测压管水位高度。

(6)虹吸管自动抽气装置由测压孔⑨、连通管⑩、真空抽气咀 13 等组成,它能在水泵打开以后,将虹吸管中的空气抽出,使虹吸管过流。

3. 装置功能

(1) 用以演示虹吸原理。
(2) 观察急变流断面的测压管水头变化,分析弯管流量计工作原理。
(3) 验证伯努利方程。
(4) 通过实验观察虹吸管的启动,分析虹吸管的工作原理。

4. 技术特性

(1) 该仪器的工作电压为 220V。
(2) 流量范围在 50~220mL/s 之间。
(3) 仪器功率为 65W。
(4) 仪器管径为 1.39cm。

5. 安装使用说明

(1) 安装:仪器拆箱以后,根据说明书检查各个部件是否完好,并按装置图所示安装实验仪器,将各测点与测压计各测管一一对应,用连通软管连接。

(2) 通电实验:接上 220V 交流电,顺时针方向打开调速器旋钮,水泵启动,若调速灵活,即为正常。注意:当调速器旋钮逆时针转到关机前的临界位置时,水泵转速最快。

(3) 注水:向水箱 14 注入蒸馏水,以水位升到距箱顶 5cm 为宜,并检查是否漏水。为区别不同测压管,可向测压管①、②注入半管绿色水,向测压计水箱内注入淡红色水。

(4) 排气:①虹吸管,启动水泵,调大流量,虹吸管中的气体会自动被抽除,代之以水。若排气不畅,只要开关水泵几次即可排净;②连通管,排出测压管①、②中的气体,可用吸气球在测压管管口处,用挤压法或抽吸法排气。

(5) 流量调节:调节虹吸管的过流量,可通过调节调速器或者改变流量调节阀阀门方向来改变上、下游水位落差实现。

(6) 日常保养:①仪器使用一段时间后,塑胶连通管老化,可能导致实验仪漏气、渗水,须更换塑胶连通管;②切勿将仪器置于阳光之下照射;③不使用仪器时,须加防尘罩,以防尘埃进入。

四、实验内容

1. 虹吸管的启动

虹吸管在启用前由于管内有空气,水柱不连续就不能工作,为此启用时,必须把虹吸管中的空气抽除。本仪器通过测压孔⑨自动抽气。因虹吸管透明,启动过程清晰可见。本实验有两点值得注意:一是抽气孔应设在高管段末端;二是虹吸管的最大吸出高度不得超过 10m,为安全计,一般应小于 6m。

2. 测管水头沿程变化

本虹吸仪所显示的测压管水头不是测压管高度。所谓测压管水头是指 $z+\dfrac{p}{\gamma}$,而测压管高度是指 $\dfrac{p}{\gamma}$。本实验中所显示的测压管①、②、③和⑧标尺读数,若基准面选在标尺零点上,则都是测压管水头。而测压管④~⑦所显示的水柱高度是 $\left(-\dfrac{p}{\gamma}\right)$。因此,测压管液面高程即表示真空度的沿程变化规律。测压管④~⑦的液柱高差,代表相应测点的位置高度差与相应断面间的水头损失的代数和。例如④和⑤两测点即对应测压管④、⑤液柱的高度差,为 $\left[\left(-\dfrac{p_5}{\gamma}\right)-\left(-\dfrac{p_4}{\gamma}\right)\right]$,由能量方程可知,$\left[\left(-\dfrac{p_5}{\gamma}\right)-\left(-\dfrac{p_4}{\gamma}\right)\right]=(z_5-z_4)+h_{W4-5}$。

因总水头 $z+\dfrac{p}{\gamma}+\dfrac{av^2}{2g}$ 沿流程恒减,而 $\dfrac{av^2}{2g}$ 在虹吸管中沿程不变,故测压管水头 $z+\dfrac{p}{\gamma}$ 沿流程亦逐渐减小。

五、成果分析

(1)急变流断面不能被选作能量方程的计算断面。均匀流断面上动水压强按静水压强规律分布,急变流断面则不然。如在弯管急变流断面上的测点①和②,其相应测管有明显高差,且流量越大,高差也越大。这是由于急变流断面上,质量力除重力外,还有离心惯性力。因此,急变流断面不能被选作能量方程的计算断面。

(2)真空度的沿程变化。测压计真空度沿流程逐渐增大,测点⑥附近的真空度最大,此后,由于位能转化为压能,真空度又逐渐减小。

实验六　伯努利方程综合实验

一、实验目的和要求

(1)通过定性分析实验,提高对动水力学诸多水力现象的实验分析能力。

(2)通过定量测量实验,进一步掌握有压管流中动水力学的能量转换特性,验证流体恒定总流的伯努利方程,掌握测压管水头线的实验测量技能与绘制方法。

(3)通过设计性实验,训练理论分析与实验研究相结合的科研能力。

二、实验原理

1.伯努利方程

在实验管路中沿管内水流方向取 n 个过水断面,在恒定流动时,可以列出进口断面(1)至另一断面(i)的伯努利方程式($i=2,3\cdots,n$)为

$$z_1+\dfrac{p_1}{\rho g}+\dfrac{a_1 v_1^2}{2g}=z_i+\dfrac{p_i}{\rho g}+\dfrac{a_i v_i^2}{2g}+h_{w1-i} \qquad (3-2)$$

式中:z_i 为断面(i)处流体位置水头;$\dfrac{p_i}{\rho g}$ 为断面(i)处流体压力水头;$\dfrac{a_i v_i^2}{2g}$ 为断面(i)处流速度水头;h_{w1-i} 为进口断面(1)和断面(i)两处流体之间的水头损失。

取 $a_1=a_2=\cdots=a_n=1$,选好基准面后,从已设置好的各断面的测压管中读出 $z+\dfrac{p}{\rho g}$ 值,测

出通过管路的流量,即可计算出断面平均流速 v 及 $\dfrac{\alpha v^2}{2g}$,从而可得到各断面测管水头和总水头。

2. 过流断面性质

均匀流或渐变流断面流体动压强符合静压强的分布规律,即在同一断面上 $z+\dfrac{p}{\rho g}=C$,但在不同过流断面上的测压管水头不同,$z_1+\dfrac{p_1}{\rho g}\ne z_2+\dfrac{p_2}{\rho g}$;在急变流断面上 $z+\dfrac{p}{\rho g}\ne C$。

三、实验装置

1. 实验装置简图

实验装置及各部分名称如图3-2所示。

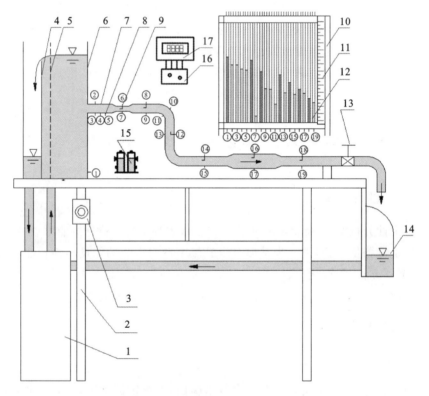

1. 自循环供水器;2. 实验台;3. 供水器开关;4. 溢流板;5. 稳水孔板;6. 恒压水箱;7. 实验管道;8. 测压点;9. 弯针毕托管;10. 测压计;11. 滑动测量尺;12. 测压管;13. 流量调节阀;14. 回水漏斗;15. 稳压筒;16. 高精密传感器;17. 智能化数显流量仪。

图3-2 伯努利方程综合实验装置图

2. 装置说明

1) 流量测量(智能化数显流量仪)

智能化数显流量仪系统包括实验管道内配套流量计、稳压筒15、高精密传感器16和智能化数显流量仪 17(含数字面板表及 A/D 转换器)。该流量仪为管道式瞬时流量仪,测量精度为一级。

流量仪的使用方法为:须先排气调零,待水箱溢流后,间歇性全开、全关流量调节阀 13 数次,排出连通管内气泡。再全关流量调节阀 13,待读数稳定后将流量仪调零。测流量时,待水流稳定后,流量仪所显示的数值即为瞬时流量值(以下实验类同)。若需要详细了解流量仪性能,请阅读说明书。

2)测流速(弯针管毕托管)

弯针管毕托管用于测量管道内的点流速。为减小对流场的干扰,本装置中的弯针直径为 1.6mm×1.2mm(外径×内径)。实验表明,只要开孔的切平面与来流方向垂直,弯针管毕托管的弯角在 90°～180°之间均不影响测流速精度,如图 3-3 所示。

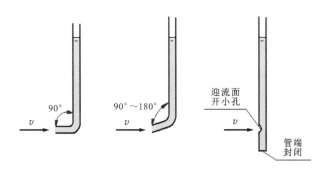

图 3-3 弯针管毕托管类型

3)测压点

本仪器测压点有两种。

(1)毕托管测压点:图 3-2 中标号为①、⑥、⑧、⑫、⑭、⑯、⑱(后述加 * 表示),与测压计的测压管连接后,用以测量毕托管探头对准点的总水头值,近似替代所在断面的平均总水头值,可用于定性分析,但不能用于定量计算。

(2)普通测压点:图 3-2 中标号为②、③、④、⑤、⑦、⑨、⑩、⑪、⑬、⑮、⑰、⑲,与测压计的测压管连接后,用以测量相应测点的测压管水头值。

注意:测点⑥*和⑦所在喉管段直径为 d_2,测点⑯*和⑰所在扩管段直径为 d_3,其余直径均为 d_1。

3.基本操作方法

(1)测压管与稳压筒的连通管排气:打开开关供水,使水箱充水,待水箱溢流,间歇性全开、全关流量调节阀 13 数次,直至连通管及实验管道中无气泡滞留即可。再检查调节阀关闭后所有测压管水面是否齐平,如不齐平则须查明故障原因(如连通管受阻、漏气或夹气泡等)并加以排除,直至所有测压管水面齐平。

(2)恒定流操作:开启水泵,待水箱保持溢流后,在流量调节阀 13 打开角度不变的情况下,实验管道出流为恒定流。

(3)非恒定流操作。开启水泵,待恒压水箱 6 无溢流情况下,实验管道出流为非恒定流。

(4)流量测量。调整流量调节阀13,记录智能化数显流量仪显示的流量值。

四、实验内容与方法

1. 定性分析实验

(1)验证同一静止液体的测压管水头线是一根水平线:阀门全关,水体稳定后,实验显示各测压管的液面连线是一根水平线,而这时的滑尺读数值就是水体在流动前所具有的总能头。

(2)观察不同流速下,某一断面上水力要素变化规律:以测点⑧*、⑨所在的断面为例,测点⑨的液面读数为该断面的测压管水头。测点⑧*连通毕托管,显示测点的总水头。实验表明,流速越大,水头损失越大,水流流到该断面时的总水头越小,断面上的势能亦减小。

(3)验证均匀流断面上,动水压强按静水压强规律分布。观察测点②和③,尽管高度不同,但其测压管的液面高度相同,表明

$$z + \frac{p}{\rho g} = C \tag{3-3}$$

(4)观察沿流程总能坡线的变化规律。加大阀门打开角度,使流量接近最大,若稳定后各测管水位如图3-4所示,图中 $A—A'$ 为管轴线。观察带毕托管的测点①*、⑥*、⑧*、⑫*、⑭*、⑯*、⑱*的测管水位(实验时可加入雷诺实验用的红色水,使这些管呈红色,如图3-4中以较深颜色表示的测压管),可见各测管的液面沿流程是逐渐降低而没有升高的,表明总能量沿流程只会减少,不会增加,能量损失是不可逆转的。

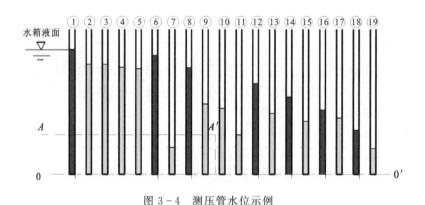

图3-4 测压管水位示例

(5)观察测压管水头线的变化规律:观察测点②、④、⑤、⑦、⑨、⑬、⑮、⑰、⑲的测压管水位,可见沿流程有升也有降,表明测压管水头线沿流程可升也可降。

沿程水头损失:从②、④、⑤点可看出沿程水头损失的变化规律,等径管道上,距离相等,沿程损失相同。

势能与动能的转化:以测点⑤、⑦、⑨为例,测点所在流段上高程相等,管径先收缩后扩大,流速由小增大再减小。测点⑤到测点⑦的液位发生了陡降,表明水流从测点⑤断面流到测点⑦断面时有部分压力势能转化为流速动能。而测点⑦到测点⑨,测压管水位回升,这与

前面的变化趋势相反,说明有部分动能又转化成压力势能。此现象验证了动能和势能之间是可以互相转化且可逆的。

位能和压能的转化:以测点⑨与⑮所在的两断面为例,由于两断面的流速水头相等,测点⑨的位能较大,压能(测管液位距离管轴线的高度)很小,而测点⑮的位能很小,压能却比测点⑨大,这说明水流从测点⑨断面流到测点⑮断面的过程中,部分位能转换成压能。

(6)利用测压管水头线判断管道沿程压力分布。测压管水头线高于管轴线,表明该处管道处于正压状态下;测压管水头线低于管轴线,表明该处管道处于负压(真空)状态下。高压和真空状态都容易使管道遭到破坏。实验显示(图3-5),测点⑦的测管液面低于管轴线,说明该处管段承受负压(真空);测压管⑨的液位高出管轴线,说明该处管段承受正压。

2. 定量分析实验

伯努利方程验证与测压管水头线测量分析实验的实验方法与步骤:在恒定流条件下改变流量两次,其中一次阀门打开角度调至使测点⑲的液面接近可读数范围的最低点,待流量稳定后,记录各测压管液面高度读数,同时记录实验流量(毕托管测点供演示用,不必记录读数)。实验数据处理与分析参考第五部分"数据处理及处理要求"。

3. 设计性实验

本次设计性实验主要为改变水箱中的液位高度对喉管真空度影响的实验研究。为避免引水管道的局部承受负压,可采取的技术措施有减小流量、增大喉管管径、降低相应管线的安装高程、改变水箱中的液位高度。下面分析后两项措施的原理。

对于措施"降低相应管线的安装高程",以本实验装置为例(图3-5),可在水箱出口先接一下垂90°弯管,后接水平段,将喉管的高程降至基准高程0—0′,使位能降低,压能增大,从而可能避免在测点⑦处形成真空。该项措施常用于实际工程的管轴线设计中。

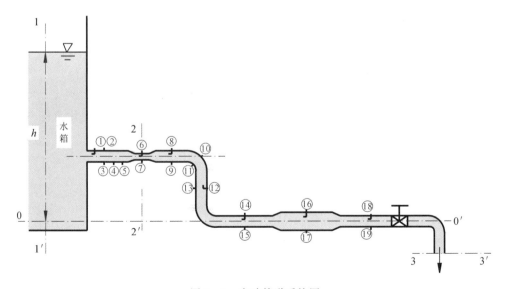

图3-5 实验管道系统图

对于措施"改变水箱的液位高度",不同供水系统调压效果是不同的,须作具体分析。可通过理论分析与实验研究相结合的方法,确定改变作用水头(如升高或降低水箱的水位)对管中某断面压强的影响情况。

本设计性实验要求学生根据图 3-2 所示实验装置,设计改变水箱中的液位高度对喉管真空度影响的实验方案并进行自主实验。

理论分析与实验方法提示:取基准面 $0-0'$,如图 3-5 所示,图中 $1-1'$、$2-2'$、$3-3'$ 分别为计算断面 1、2、3,计算断面 1 的计算点选在液面位置,计算断面 2、3 的计算点选在管轴线上。水箱液面至基准面 $0-0'$ 的水深为 h。改变水箱中的液位高度对喉管真空度影响的问题,实际上就是 $z_2 + \dfrac{p_2}{\rho g}$ 随 h 递增还是递减的问题,可由 $\dfrac{\partial \left(z_2 + \dfrac{p_2}{\rho g}\right)}{\partial h} / \partial h$ 加以判别。

计算断面 1、2 的伯努利方程(取 $a_2 = a_3 = 1$)有

$$h = z_2 + \frac{p_2}{\rho g} + \frac{v_2^2}{2g} + h_{w1-2} \tag{3-4}$$

因 h_{w1-2} 可表示为

$$h_{w1-2} = \zeta_{c1.2} \frac{v_3^2}{2g} \tag{3-5}$$

式中:$\zeta_{c1.2}$ 是管段 1—2 总水头损失因数,当阀门打开角度不变时,在 h 的有限变化范围内,可认为 $\zeta_{c1.2}$ 近似为常数。

又由连续性方程得出

$$\frac{v_2^2}{2g} = \left(\frac{d_3}{d_2}\right)^4 \frac{v_3^2}{2g} \tag{3-6}$$

故式(3-6)可变为

$$z_2 + \frac{p_2}{\rho g} = h - \left[\left(\frac{d_3}{d_2}\right)^4 + \zeta_{c1.2}\right] \frac{v_3^2}{2g} \tag{3-7}$$

式中 $v_3^2/2g$ 可由断面 1、3 伯努利方程求得,即

$$h = z_3 + (1 + \zeta_{c1.3}) \frac{v_3^2}{2g} \tag{3-8}$$

式中:$\zeta_{c1.3}$ 为全管道的总水头损失因数,当阀门开度不变时,在 h 的有限变化范围内,可设 $\zeta_{c1.3}$ 近似为常数。

由此得 $\dfrac{v_3^2}{2g} = \dfrac{h - z_3}{1 + \zeta_{c1.3}}$,代入式(3-7)有

$$z_2 + \frac{p_2}{\rho g} = h - \left[\left(\frac{d_3}{d_2}\right)^4 + \zeta_{c1.2}\right] \left(\frac{h - z_3}{1 + \zeta_{c1.3}}\right) \tag{3-9}$$

则

$$\frac{\partial(z_2 + p_2/\rho g)}{\partial h} = 1 - \frac{(d_3/d_2)^4 + \zeta_{c1.2}}{1 + \zeta_{c1.3}} \tag{3-10}$$

若 $1 - \dfrac{(d_3/d_2)^4 + \zeta_{c1.2}}{1 + \zeta_{c1.3}} > 0$,则断面 2 上的 $z_2 + \dfrac{p_2}{\rho g}$ 随 h 同步递增;若小于 0,则递减;若接

近于 0，则断面 2 上的 $z_2+\dfrac{p_2}{\rho g}$ 随 h 变化不明显。

实验中，先记录常数 d_3/d_2、h 和 z_3 各值，然后针对本实验装置的恒定流情况，测得某一大流量下 $z_2+\dfrac{p_2}{\rho g}$、$v_2^2/2g$、$v_3^2/2g$ 等值，将各值代入式(3-7)、式(3-8)，可得各管道阻力因数 $\zeta_{c1.2}$ 和 $\zeta_{c1.3}$。再将其代入式(3-10)得 $\dfrac{\partial(z_2+p_2/\rho g)}{\partial h}$。由此，可得出改变水箱中的液位高度对喉管真空度有影响的结论。最后，利用变水头实验可证明该结论是否正确。

五、数据处理及成果要求

1. 记录有关信息及实验常数

实验设备名称：__伯努利方程综合实验仪__　　　　实验台号：_____
实　验　者：_____　　　　　　　　　　　实验日期：_____
均匀段 $d_1=$ __1.37__ $\times 10^{-2}$ m，喉管段 $d_2=$ __1.00__ $\times 10^{-2}$ m，扩管段 $d_3=$ __2.00__ $\times 10^{-2}$ m，水箱液面高程 $\nabla_0=$ __50.00__ $\times 10^{-2}$ m，上管道轴线高程 $\nabla_z=$ __21.00__ $\times 10^{-2}$ m（注意：基准面选在标尺的零点上）。

2. 实验数据记录及结果计算

将实验数据及计算结果记入表 3-1、表 3-2。

表 3-1　管径记录表　　　　　　　　　　　　　　　　单位：10^{-2} m

测点编号	①*	②、③	④	⑤	⑥*、⑦	⑧*、⑨	⑩、⑪	⑫*、⑬	⑭*、⑮	⑯*、⑰	⑱*、⑲
管径 d	1.37	1.37	1.37	1.37	1.00	1.37	1.37	1.37	1.37	2.00	1.37
两点间距 l	4.00	4.00	6.00	6.00	4.00	13.50	6.00	10.00	29.50	16.00	16.00

表 3-2　测压管水头 h_i 流量测记表

实验序次	h_2	h_3	h_4	h_5	h_7	h_9	h_{10}	h_{11}	h_{13}	h_{15}	h_{17}	h_{19}	q_v
	10^{-2} m												10^{-6} m³/s
1	37.10	37.10	36.30	35.40	6.10	21.00	23.10	15.80	17.30	8.30	11.40	3.00	201.3
2													

注：$h_i=z_i+\dfrac{p_i}{\rho g}$，$i$ 为测点编号。

3. 成果要求

(1) 回答"定性分析实验"中的有关问题。

(2) 计算流速水头和总水头，结果见表 3-3、表 3-4。

表 3-3　流速水头计算数值表

管径 d	$q_{v1}=V_1/t_1=201.3\times10^{-6}\,\mathrm{m^3/s}$			$q_{v2}=V_2/t_2=\underline{\qquad}\times10^{-6}\,\mathrm{m^3/s}$		
	A	v	$v^2/2g$	A	v	$v^2/2g$
	$10^{-4}\,\mathrm{m^2}$	$10^{-2}\,\mathrm{m/s}$	$10^{-2}\,\mathrm{m}$	$10^{-4}\,\mathrm{m^2}$	$10^{-2}\,\mathrm{m/s}$	$10^{-2}\,\mathrm{m}$
$1.37\times10^{-2}\,\mathrm{m}$	1.474	136.577	9.517			
$1.00\times10^{-2}\,\mathrm{m}$	0.785	256.341	33.526			
$2.00\times10^{-2}\,\mathrm{m}$	3.142	64.085	2.095			

注：V_1、V_2 为流体体积。

表 3-4　总水头 H_i 流量测量计算表

实验序次	H_2	H_4	H_5	H_7	H_9	H_{13}	H_{15}	H_{17}	H_{19}	q_v
	$10^{-2}\,\mathrm{m}$									$10^{-6}\,\mathrm{m^3/s}$
1	46.62	45.82	44.92	39.63	30.52	26.82	17.82	13.50	12.52	201.3
2										

注：$H_i=z_i+\dfrac{p_i}{\rho g}+\dfrac{av_i^2}{2g}$，$i$ 为测点编号。

(3) 绘制上述结果中最大流量下的总水头线和测压管水头线（轴向尺寸参见图 3-6，总水头线和测压管水头线也可以绘在图 3-6 上），如图 3-6 所示，结果见参考答案中"第三章实验六"。

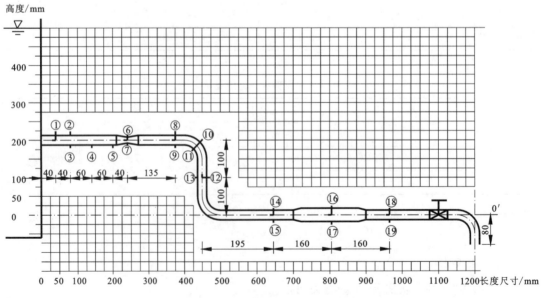

图 3-6　绘制测压管水头线坐标图

(4)本设计性实验要求参考图 3-2 所示的实验装置图,设计改变水箱中的液位高度对喉管真空度影响的实验方案,并进行自主实验。

实验原理:计算断面如图 3-4 所示,则有

$$z_2 + \frac{p_2}{\rho g} = h - \left[\left(\frac{d_3}{d_2}\right)^4 + \zeta_{c1.2}\right]\frac{v_3^2}{2g} \quad (3-11)$$

$$h = z_3 + (1 + \zeta_{c1.3})\frac{v_3^2}{2g} \quad (3-12)$$

$$\frac{\partial(z_2 + p_2/\rho g)}{\partial h} = 1 - \frac{\left(\frac{d_3}{d_2}\right)^4 + \zeta_{c1.2}}{1 + \zeta_{c1.3}} \quad (3-13)$$

式中:$\zeta_{c1.2}$、$\zeta_{c1.3}$ 分别为管段 1~2、管段 1~3 的总水头损失因数,当阀门打开角度不变时,h 在有限变化范围内,可设 $\zeta_{c1.2}$、$\zeta_{c1.3}$ 近似为常数。

若 $1 - \dfrac{\left(\frac{d_3}{d_2}\right)^4 + \zeta_{c1.2}}{1 + \zeta_{c1.3}} > 0$,则断面 2 上的 $z_2 + \dfrac{p_2}{\rho g}$ 随 h 同步递增;若小于 0,则递减;若接近于 0,则断面 2 上的 $z_2 + \dfrac{p_2}{\rho g}$ 随 h 变化不明显。

实验方案:实验中,先测计常数 d_3/d_2、h 和 z_3 各值,然后针对本实验装置的恒定流情况,测得某一大流量下 $(z_2 + p_2/\rho g)$、$v_2^2/2g$、$v_3^2/2g$ 等值,将各值代入式(3-11)、式(3-12),可得各管道阻力因数 $\zeta_{c1.2}$ 和 $\zeta_{c1.3}$。再将其代入式(3-13)得 $\dfrac{\partial(z_2 + p_2/\rho g)}{\partial h}$,由此可得出改变水箱中的液位高度对喉管真空度影响的结论。最后,利用变水头实验可验证该结论是否正确。

实验测量:因本实验仪 $d_3/d_2 = 1.37/1$,$z_1 = 50.00$,$z_3 = -10.00 \times 10^{-2}$ m,而当 $\Delta h = 0$ 时,本实验的 $(z_2 + p/\rho g) = 6.00 \times 10^{-2}$ m,$v_2^2/2g = 33.19 \times 10^{-2}$ m,$v_3^2/2g = 9.42 \times 10^{-2}$ m,将各值代入式(3-11)、式(3-12),可得该管道阻力系数 $\zeta_{c1.2} = 1.5$,$\zeta_{c1.3} = 5.37$。再将其代入式(3-13)得

$$\frac{\partial(z_2 + p/\rho g)}{\partial(\Delta h)} = 1 - \frac{1.37^4 + 1.15}{1 + 5.37} = 0.267 > 0$$

结论:本实验表明管道喉管的测压管水头随水箱水位同步升高,但因 $\partial(z_2 + p/\rho g)/\partial(\Delta h)$ 接近零,故水箱水位的升高对提高喉管的压强(减小负压)效果不显著。

变水头实验证明以上结论:调节供水流量使水箱水位由低位到满顶溢流缓慢变化,变化水位值约为 20×10^{-2} m,测点⑦的压强水头变化仅约为 2×10^{-2} m,表明以上结论正确。

六、注意事项

(1)开展自循环供水实验时须注意:计量后的水必须倒回原实验装置的水斗内,以保持自循环供水(此注意事项后述实验不再提示)。

(2)稳压筒内气腔越大,稳压效果越好,但稳压筒的水位必须高于连通管的进口,以免连通管进气,否则须拧开稳压筒排气螺丝升高筒内水位;若稳压筒的水位高于排气螺丝口,说明有漏气,须检查处理。

(3)传感器与稳压筒的连接管要确保气路通畅,接管及进气口均不得有水体进入,否则须清除。

(4)智能化数显流量仪开机后须预热 3~5min。

七、分析思考题

(1)测压管水头线和总水头线的变化趋势有何不同?为什么?

(2)阀门打开角度变大,使流量增加,测压管水头线有何变化?为什么?

(3)由毕托管测量的总水头线与按实测断面平均流速绘制的总水头线一般都有差异,试分析其原因。

(4)为什么急变流断面不能被选作能量方程的计算断面?

实验七 文丘里综合实验

一、实验目的和要求

(1)了解文丘里流量计的构造、原理和适用条件,率定流量因数 μ。

(2)掌握应用气-水多管压差计量测压差的方法。

(3)通过确定文丘里流量计最大允许过流量的设计性实验,体验理论分析和实验相结合的研究过程。

二、实验原理

根据能量方程式和连续性方程式,可得到不计阻力作用时的文氏管过水能力关系式为

$$q_v' = \frac{\frac{\pi}{4}d_1^2}{\sqrt{\left(\frac{d_1}{d_2}\right)^4 - 1}} \sqrt{2g\left[\left(z_1 + \frac{p_1}{\rho g}\right) - \left(z_2 + \frac{p_2}{\rho g}\right)\right]} = k\sqrt{\Delta h} \quad (3-14)$$

$$k = \frac{\pi}{4}d_1^2 \sqrt{2g} \Big/ \sqrt{\left(\frac{d_1}{d_2}\right)^4 - 1} \quad (3-15)$$

$$\Delta h = \left(z_1 + \frac{p_1}{\rho g}\right) - \left(z_2 + \frac{p_2}{\rho g}\right) \quad (3-16)$$

式中:Δh 为两断面测压管水头差;k 为文丘里流量计常数,当管径确定时为常数。

由于阻力的存在,实际通过的流量 q_v 恒小于 q_v'。今引入一个无量纲因数 $\mu = q_v/q_v'$(μ 称为流量因数),对计算所得流量值进行修正,即

$$q_v = \mu q_v' = \mu k \sqrt{\Delta h} \quad (3-17)$$

另由静水力学基本方程可得气-水多管压差计的 Δh 为

$$\Delta h = h_1 - h_2 + h_3 - h_4 \quad (3-18)$$

三、实验装置

1. 实验装置简图

实验装置及各部分名称如图 3-7 所示。

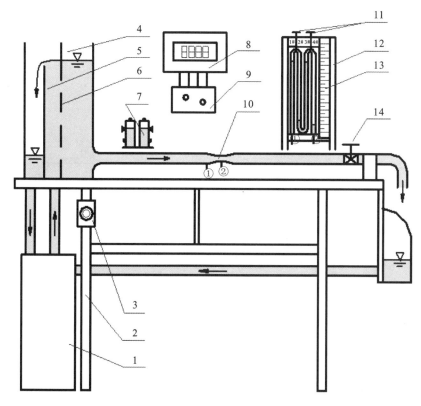

1.自循环供水器;2.实验台;3.水泵电源开关;4.恒压水箱;5.溢流板;6.稳水孔板;7.稳压筒;8.智能化数显流量仪;9.传感器;10.文丘里流量计;11.压差计气阀;12.压差计;13.滑尺;14.流量调节阀。

图 3-7 文丘里综合实验装置图

2. 装置说明

（1）气-水压差计。气-水压差计为一倒 U 型管，如图 3-8 所示，在倒 U 型管中保留一段空气，两端各接测压点。测量时，管内液柱的高度差即为压强差。在测量中，气-水压差计应该竖直放置。当待测数值相对较大时，可采用连续串联多个气-水压差计的方法来增大量程；当待测数值较小时，可倾斜 U 型管来放大测量值。本实验采用双 U 型的气-水多管压差计，如图 3-7 中的压差计 12 所示，压差计量程为 0~1m 水柱，测量精度为 1mm。

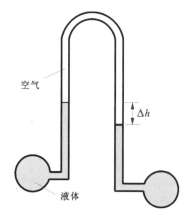

图 3-8 气-水压差计

(2)流量测量——智能化数显流量仪。智能化数显流量仪系统包括实验管道内配套流量计、稳压筒、高精密传感器和智能化数显流量仪(含数字面板表及 A/D 转换器)。该流量仪为管道式瞬时流量仪,测量精度为一级。流量仪的使用方法参见伯努利方程实验。使用前流量仪须先排气、调零,流量仪所显示的数值为瞬时流量值。

(3)文丘里流量计结构与布置(图 3-9):在结构上,要求管径比 d_2/d_1 在 0.25~0.75 之间,通常采用 $d_2/d_1=0.5$;其扩散段的扩散角 θ_2 也不宜太大,一般为 3°~5°;在测量断面上布置多个测压孔和均压环。布置要求为:文丘里流量计上游部分(长度为 l_1)布置在 10 倍管径 d_1 的范围以内,下游部分(长度为 l_2)布置在 6 倍管径 d_1 的范围以内,二者均为顺直管段,以免水流产生旋涡而影响其流量因数。

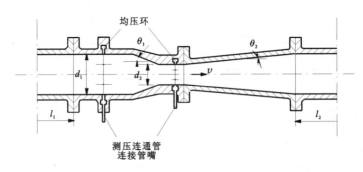

图 3-9 文丘里流量计结构图

(4)文丘里流量计结构参数:本实验装置中 $\theta_2=(3.45°\pm 0.1°)$,$d_1=(1.4\pm 0.03)\times 10^{-2}$ m,$d_2=(0.7\pm 0.015)\times 10^{-2}$ m,$d_2/d_1=0.5\pm 0.015$,$l_1=0.45$ m,$l_2=0.54$ m,各均压环上测压孔数为 4 个。

3. 基本操作方法

(1)排气:打开开关供水,使水箱充水,待水箱溢流后,间歇性全开、全关管道出水阀数次,直至连通管及实验管道中无气泡滞留即可,排气后测管液面读数 $h_1-h_2+h_3-h_4$ 为 0,此时智能化数显流量仪显示读数为零。

(2)调节多管测压计:全开流量调节阀 14 并检查各测管液面高度值是否都处在滑尺读数范围内,否则,按下列步骤调节。首先,关流量调节阀 14,拧开压差计气阀 11,待各测压管中液面稳定后,将清水注入压差计 12 中编号为 2#、3# 的测管内,使 $h_2=h_3\approx 0.24$ m;之后,拧紧压差计气阀 11,全开流量调节阀 14,若压差计 12 中编号为 1#、3# 的测压管液面上升过高,可微微松开相应的压差计气阀 11,液面将自动降低。待测管读数控制在测读范围内后,迅速拧紧压差计气阀 11 即可。

(3)测量测压管水头差 Δh。读取气-水多管压差计 12 各测压管的液面读数 h_1、h_2、h_3、h_4,$\Delta h=h_1-h_2+h_3-h_4$。

(4)测量流量:记录智能化数显流量仪显示的流量值。

(5)测量真空度:智能化数显流量仪正端显示流量,负端显示压差水柱高度。利用流量仪的这一智能化特性可测量文丘里流量计喉颈处的真空度。实验时,将传感器低压端用连通管连接于文丘里流量计喉颈处,传感器高压端接通大气,并调整传感器放置高度,使高压端口与文丘里流量计喉颈处的测点齐平。此时,即可实验测量测点的真空度。

四、实验内容与方法

1. 定量分析实验——文丘里流量计流量因数的测量与校准

实验方法与步骤:参照"基本操作方法"部分,改变流量4～6次,分别测量压差和流量。数据处理及结果分析参考第五部分。

2. 设计性实验——文丘里流量计最大允许过流量的理论分析与实验

文丘里流量计管喉颈处容易产生真空,最大允许过流量受真空度限制,最大允许真空度为6～7m水柱,否则易造成空化与空蚀破坏。工程上应用文丘里流量计时,应检验其最大真空度是否在允许范围之内。

本实验要求通过理论分析,设计实验方案,针对图3-7所示实验装置,通过实验测量相应参数,确定文丘里流量计真空值不大于6m水柱条件下供水箱的最大作用水头 H_0 及最大流量 q_v。

理论分析提示:应用伯努利方程,选基准面和计算断面如图3-10所示,取 $a_1 = a_2 = 1.0$。对计算断面1—1′与断面3—3′有

$$H_0 = -h + (1 + \zeta_{1-3}) \frac{1}{2g} \left(\frac{4q_v}{\pi d_1^2}\right)^2 \tag{3-19}$$

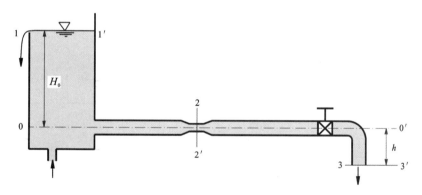

图3-10 文丘里流量计管流水力计算

对计算断面2—2′、断面3—3′,有

$$\frac{p_2}{\rho g} + \frac{1}{2g}\left(\frac{4q_v}{\pi d_2^2}\right)^2 = -h + (1 + \zeta_{2-3})\frac{1}{2g}\left(\frac{4q_v}{\pi d_1^2}\right)^2 \tag{3-20}$$

根据经验,式(3-19)与式(3-20)中管段的总水头损失因数 ζ_{1-3} 和 ζ_{2-3} 在流速大于某一较大值时便近似为常数,可在阀门全开的大流量条件下通过实验测得。进而将断面的允许真空度 $\frac{p_2}{\rho g}$ 及 ζ_{1-3}、ζ_{2-3} 等值代入式(3-19)及式(3-20)便可分别确定最大流量 q_v 及最大作用水头 H_0。

五、数据处理及成果要求

1. 记录有关信息及实验常数

实验设备名称： 文丘里实验仪　　　　　　**实验台号：**＿＿＿＿＿

实　验　者：＿＿＿＿＿＿　　　　　　　**实验日期：**＿＿＿＿＿

$d_1 = \underline{1.40} \times 10^{-2}$ m；$d_2 = \underline{0.71} \times 10^{-2}$ m，水温 $t = \underline{9}$ ℃，$v = \dfrac{0.017\,75 \times 10^{-4}}{1+0.033\,7t+0.000\,221t^2} = \underline{0.013\,43} \times 10^{-4}$ m²/s，水箱液面高程 $\nabla_0 = \underline{31.50} \times 10^{-2}$ m，管道轴线高程 $\nabla_z = \underline{3.50} \times 10^{-2}$ m（注意：基准面选在标尺的零点上）。

2. 实验数据记录及结果计算

实验数据及计算结果记入表 3-4、表 3-5。

表 3-4　文丘里综合实验记录表

实验序次	测压管读数				流量 q_v
	h_1	h_2	h_3	h_4	
	10^{-2} m	10^{-2} m	10^{-2} m	10^{-2} m	10^{-6} m³/s
1	42.80	5.20	42.70	1.80	156.2
2	38.60	9.90	38.00	7.30	134.7
3	35.80	12.80	35.00	10.70	119.5
4	32.50	16.40	31.40	14.90	98.0
5	28.00	21.10	26.60	20.30	62.1
6	25.90	23.30	24.40	22.90	33.8

表 3-5　文丘里综合实验结果计算表

实验序次	q_v	$\Delta h = h_1 - h_2 + h_3 - h_4$	Re	$q_v' = (k\sqrt{\Delta h})$	$\mu = \dfrac{q_v}{q_v'}$
	10^{-6} m³/s	10^{-2} m		10^{-6} m³/s	
1	156.2	78.50	10 625	160.7	0.972
2	134.7	59.40	9123	139.8	0.964
3	119.5	47.30	8092	124.8	0.958
4	98.0	32.60	6639	103.6	0.946
5	62.1	13.20	4204	65.9	0.942
6	33.8	4.10	2286	36.7	0.921

注：$k = 18.14 \times 10^{-5}$ m$^{2.5}$/s。

3. 成果要求

根据相关实验项目的要求,完成方案设计、数据测量与成果分析。

六、注意事项

本实验的注意事项参见伯努利方程实验对应部分。

七、分析思考题

(1) 文丘里流量计有何安装要求和适用条件?

(2) 本实验中,影响文丘里流量计流量因数大小的因素有哪些?哪个因素最敏感?对本实验的管道而言,若因加工精度影响,误将$(d_2-0.01)\times 10^{-2}$m值取代上述d_2值时,本实验在最大流量下的μ值将变为多少?

(3) 为什么计算流量q_v'与实际流量q_v不相等?

(4) 应用量纲分析法,阐明文丘里流量计的水力特性。

实验八 动量定律综合实验

一、实验目的和要求

(1) 通过定性分析实验,加深动量与流速、流量、出射角度、动量矩等因素间相关关系的了解。

(2) 通过定量测量实验,掌握流体动力学的动量守恒定理,验证不可压缩流体恒定总流的动量方程,测定管嘴射流的动量修正因数。

(3) 了解活塞式动量定律实验仪的原理、构造,启发创新思维。

二、实验原理

恒定总流动量方程为

$$\vec{F} = \rho q_v(\beta_2 \vec{v_2} - \beta_1 \vec{v_1}) \tag{3-21}$$

因滑动摩擦阻力水平分力$F_f < 0.5\% F_x$,可忽略不计,故x方向的动量方程可化为

$$F_x = -p_C A = -\rho g h_C \frac{\pi}{4} D^2 = \rho q_v(0 - \beta_1 v_{1x}) \tag{3-22}$$

即

$$\beta_1 \rho q_v v_{1x} - \frac{\pi}{4} \rho g h_C D^2 = 0 \tag{3-23}$$

式中:F_x为水平分力;p_C为作用在活塞形心处的压力;A为活塞的面积;h_C为作用在活塞形心处的水深;D为活塞的直径;q_v为射流的流量;v_{1x}为射流的速度;β_2、β_1为动量修正因数;ρ为液体密度。

实验中,在平衡状态下,只要测得流量q_v和活塞形心水深h_C,由给定的管嘴直径d和活

塞直径 D，代入式(3-22)，便可验证动量方程，并测定射流的动量修正因数 β_1。

三、实验装置

1. 实验装置简图

实验装置及各部分名称如图 3-11 所示。

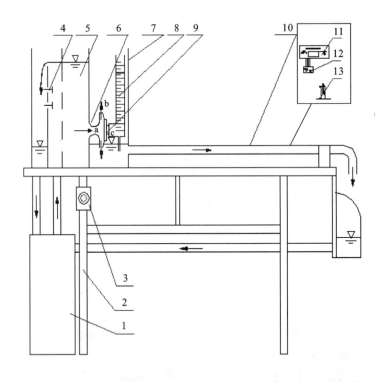

1.自循环供水器；2.实验台；3.水泵电源开关；4.水位调节阀；5.恒压水箱；6.喇叭型进口管嘴；7.集水箱；8.带活塞套的测压管；9.带活塞和翼片的抗冲平板；10.上回水管；11.数显流量仪；12.传感器；13.内置式稳压筒。

图 3-11 动量定律综合实验装置图

2. 装置结构与工作原理

(1)智能化数显流量仪：实验配置最新发明的水头式瞬时智能化数显流量仪，测量精度为一级。使用方法：先调零，将水泵关闭，确保传感器连通大气后，将显示值调零。水泵开启后，流量将随水箱水位而变，此时流量仪显示的数值即为管嘴出流的瞬时流量值。

(2)测力机构：测力机构由带活塞套(并附有标尺)的测压管 8(简称测压管 8)和带活塞及翼片的抗冲平板 9(简称抗冲平板 9)组成。分部件示意图如图 3-12a 所示。活塞中心设有一细导水管，进口端位于平板中心，出口端伸出活塞头部，出口方向与轴向垂直。在平板上设有翼片，活塞套上设有泄水窄槽。

(3)工作原理：为了精确测量动量修正因数 β_1，本实验装置应用了自动控制的反馈原理和动摩擦减阻技术。工作时，活塞置于活塞套内，沿轴向可以自由滑移。在射流冲击力作用下,水流经细导水管 a 向测压管 8 加水。当射流冲击力大于测压管内水柱对活塞的压力时,活塞内移,泄水窄槽 c 关小,水流外溢量减小,测压管 8 水位升高,活塞所受的水压力增大;反之,活塞外移,泄水窄槽 c 开大,水流外溢量增大,测压管 8 水位降低,水压力减小。在恒定射流冲击下,经短时段的自动调整后,活塞处在半进半出、窄槽部分开启的位置上,过细导水管 a 流进测压管的水量和过泄水窄槽 c 外溢的水量相等,测压管中的液位稳定。此时,射流对平板的冲击力和测压管中水柱对活塞的压力处于平衡状态,如图 3-12b 所示。活塞形心处水深 h_C 可由测压管 8 的标尺测得,由此可求得活塞的水压力,此力即为射流冲击平板的动量力 F。

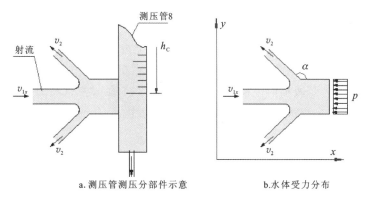

图 3-12 活塞构造与受力分析

由于在平衡过程中,活塞需要做轴向移动,为此平板上设有翼片 b。翼片在水流冲击下带动活塞旋转,克服了活塞在沿轴向滑移时的静摩擦力,提高了测力机构的灵敏度。本装置还采用了双平板狭缝出流方式,精确地引导射流的出流方向垂直于来流方向,以确保 $v_{2x}=0$。

3. 基本操作方法

(1)测压管定位:待恒压水箱满顶溢流后,松开固定测压管的螺丝,调整方位,要求测压管垂直、螺丝对准十字中心,使活塞转动松快,然后旋转螺丝将测压管固定好。

(2)恒压水箱水位调节:旋转水位调节阀 4,可打开位于不同高度的溢水孔盖,调节恒压水箱 5 水位,管嘴的作用水头改变。打开供水泵开关,使水箱溢流,待水头稳定后,即可进行实验。

(3)活塞形心处水深 h_C 测量:标尺的零点已固定在活塞圆心的高程上。当测压管内液面稳定后,记下测压管内液面的标尺读数,即为作用在活塞形心处的水深 h_C。

(4)管嘴作用水头测量:管嘴作用水头指水箱液面至管嘴中心的垂直深度。水箱的侧面刻有管嘴中心线,用直尺测读水箱液面及中心线的高度,其差值即为管嘴作用水头值。

(5)流量测量:记录智能化数显流量仪的流量值。

四、实验内容与方法

1. 定性分析实验

1)观察、分析本实验装置中测力机构的结构创新点

测射流冲击力的方法很多,装置各不相同,相比之下,本装置的测力机构测量方法简便,

精度高。本装置曾获国家发明专利授权,主要创新点有以下几方面。

(1)将射流冲击力转变为活塞所受的静水总压力,用测压管进行测量。

(2)用双平板狭缝方式精确导流,确保 $v_{2x}=0$。

(3)采用动摩擦减阻减小活塞轴向位移的摩擦阻力。带翼片 b 的平板在射流作用下获得力矩,使活塞在旋转过程中做轴向位移,到达平衡位置。活塞采用石墨润滑。

(4)利用细导水管 a 和泄水窄槽 b 的自动反馈功能,自动调节受力平衡状态下的测压管水位。

(5)利用在大口径测压管内设置阻尼孔板的方法,减小测压管液位的振荡幅度。

2)测定本实验装置的灵敏度

为验证本实验装置的灵敏度,只要在实验中的恒定流受力平衡状态下,人为升、降测压管中的液位高度,可发现即使改变量不足总液柱高度的 5‰(0.5~1mm),活塞在旋转时亦能有效地克服动摩擦力而做轴向位移,开大或减小泄水窄槽 c,使过高的水位降低或过低的水位升高,恢复原来的平衡状态。这表明该装置的灵敏度高达 1mm(此量值越小,灵敏度越高),亦即活塞轴向动摩擦力不足总动量力的 5‰。

3)验证 $v_{2x}\neq 0$ 对 F_x 的影响

取下抗冲平板 9,使水流冲击活塞套内,便可呈现回流方向与 x 轴的夹角为 $\alpha>90°$(即 $v_{2x}\neq 0$)的水力现象(图 3-12a)。调整好位置,使反射水流的回射角度一致。以某动量实验台为例,实验测得作用于活塞套圆心处的水深 $h_C'=292.00$mm,管嘴作用水头 $H_0=293.5$mm,而相应水流条件下,在取下带翼轮的活塞前,$v_{2x}=0$,$h_C=196.00$mm,表明若 v_{2x} 不为零,对动量力影响甚大。因为若 v_{2x} 不为零,则动量方程变为

$$-\rho g h_C' \frac{\pi}{4}D^2 = \rho q_v(\beta_2 v_{2x} - \beta_1 v_{1x}) = -\rho q_v[\beta_1 v_1 + \beta_2 v_2 \cos(180°-\alpha)] \quad (3-24)$$

即 h_C' 随反射流速度 v_2 和反射流与入射流夹角 α 递增。故实验中水流作用下水面高度 h_C' 大于静止水面高度 h_C。

2.定量分析实验

恒定总流动量方程验证与射流动量修正因数测定实验方法与步骤:参照基本操作方法,分别测量高、中、低 3 个恒定水位下的流量、活塞作用水头等有关实验参数,实验数据处理与分析参考第五部分。

五、数据处理及成果要求

1.记录有关信息及实验常数

实验设备名称:__动量定律综合实验仪__　　　　实验台号:_____

实　验　者:_____　　　　实验日期:_____

管嘴内径:$d=1.195\times 10^{-2}$m　　　　活塞直径:$D=1.995\times 10^{-2}$m

2.实验数据记录及计算结果

实验数据及计算结果记入表 3-6。

表 3-6 测量记录及计算表

实验序次	管嘴作用水头 H_0 10^{-2} m	活塞作用水头 h_C 10^{-2} m	流量 q_v 10^{-6} m³/s	流速 v 10^{-2} m/s	动量力 F 10^{-5} N	动量修正因数 β_1
1	28.50	19.20	252.0	224.69	58 817	1.038 8
2	23.00	15.50	226.7	202.13	47 482	1.036 2
3	17.50	11.80	196.8	175.47	36 147	1.046 8

3. 成果要求

(1) 回答定性分析实验中的有关问题。

(2) 测定管嘴射流的动量修正因数 β_1，如表 3-6 所示。

(3) 取某一流量，绘出控制体图，阐明分析计算的过程。

恒定总流动量方程为

$$\vec{F} = \rho q_v (\overrightarrow{\beta_2 v_2} - \overrightarrow{\beta_1 v_1}) \tag{3-25}$$

取控制体如图 3-12b 所示。

x 方向动量方程可化为

$$F_x = -p_C A = -\rho g h_C \frac{\pi}{4} D^2 = \rho q_v (0 - \beta_1 v_{1x}) \tag{3-26}$$

即

$$\rho q_v \beta_1 v_{1x} - \rho g h_C \frac{\pi}{4} D^2 = 0 \tag{3-27}$$

从而通过测量 h_C 和 q_v 可计算得到

$$\beta_1 = \frac{\rho g h_C D^2}{\rho q_v v_{1x}} \frac{\pi}{4} \tag{3-28}$$

六、注意事项

注意若活塞转动不灵活，会影响实验精度，须在活塞与活塞套的接触面上涂抹 4B 铅笔笔芯粉末。

七、分析思考题

(1) 实测 β_1 与公认值 ($\beta_1 = 1.02 \sim 1.05$) 符合与否？如不符合，试分析原因。

(2) 带翼片的平板在射流作用下获得力矩，这对分析射流冲击无翼片的平板沿 x 方向的动量方程有无影响？为什么？

(3) 如图 3-12a 所示，通过细导水管 a 的分流，其出流角度为什么须垂直于射流方向 v_{1x}？

第四章　流体运动能量损失实验

实验九　紊动机理实验

一、实验目的和要求

（1）演示水流紊动发展过程，加深对水流运动结构的认识。
（2）演示层流、波动形成与发展、波动转变为旋涡紊动的全过程，通过实验分析紊动机理。

二、实验原理

产生波动和紊动现象的原因是水流中有横向的流速梯度存在，只有在流速梯度足够大时，波动的扰动状态才会演变为旋涡发生的紊流状态。旋涡随时间进程而逐渐衰减时层流是稳定的；反之，如果旋涡随时间增强则层流不稳定，最后会发展为紊流。

三、实验装置

1. 实验装置简图

实验装置及各部分名称如图4-1所示。

2. 装置说明

1）装置特点
（1）有自循环供回水装置，可供实验仪往复连续工作。
（2）流动显示部分采用透明有机玻璃宽流道，并配灯光显影。
（3）采用特种技术异重流染色，下层呈紫红色，上层无色透明，混合后自动中和消色，工作液体可反复使用且无污染。

2）装置功能
（1）用以演示紊动现象，分析紊动机理。
（2）进行异重流实验，研究异重流的稳定性。
（3）通过实验分析层流的稳定性，讨论临界雷诺数。

3）技术特性
（1）工作流体由自循环供水器1分两路输出。

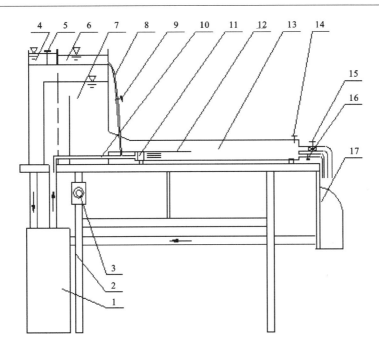

1.自循环供水器;2.实验台;3.可控硅无级调速器;4.消色用丙种溶液容器;5.调节阀;6.染色用甲种溶液容器;7.恒压水箱;8.染色液输液管;9.调节阀;10.取水管;11.混合器;12.上下层隔板;13.剪切流道;14.排气阀;15.出水调节阀(出水管上);16.分流管调节阀(分流管上);17.回水漏斗。

图4-1 紊动机理实验仪装置图

(2)该仪器的工作电压为220V。

(3)仪器的雷诺数可调节范围为0～600。

(4)仪器功率为65W。

(5)仪器尺寸为长×宽×高=(150×55×130)cm^3。

3.安装使用说明

(1)安装:仪器开箱后,按说明书检验配件是否完好,之后进行安装调试。

(2)实验溶液配制包括甲种、乙种、丙种溶液3类。

甲种溶液:取一包"甲种药品"(有标注)加入1kg蒸馏水中,不断搅拌使其充分溶解。将适量甲种溶液倒入实验仪染色用甲种溶液容器6中,所余溶液留作备用(须关紧调节阀9)。

乙种溶液:取一包"乙种药品"(粉末状)放入烧杯中,注入50mL 75%体积分数的乙醇,不断搅拌使其充分溶解(在寒季可稍加热加速溶解)。将乙种溶液分数次缓慢倒入实验仪的自循环供水器1中,边倒边搅拌。

丙种溶液:配制1kg浓度为0.1%的稀盐酸,酌量倒入实验仪消色用丙种溶液容器4中,所余溶液留作备用(须关紧调节阀5)。

(3)供水排气:插上水泵电机电源、灯光电源。先关闭调节阀5、调节阀9、出水调节阀15、分流管调节阀16,打开调速器,水泵即启动,此时水泵功率最大。顺时针方向旋转调速器旋钮,则流量变小。先控制调速器在小流量状态下供水,使水箱水位不高于恒压水箱7中间隔板的顶高。此时仅由取水管 10 单独向剪切流道 13 供水,使水体缓慢地充满下层流道,排除隔板下方滞留的气泡。如果一次操作不能排净气泡,则应反复操作。排净气泡后加大供水流量,并操作排气阀 14 与出水调节阀 15,排出流道内的气泡。

(4)加注染色药水:调节调节阀 9,向混合器 11 加注甲种溶液,与水混合后溶液即呈紫红色。勿加入过量的甲种溶液,使混合后的溶液红色鲜明即可。

(5)加注消色药水:调节调节阀 5,滴下丙种溶液,以保持工作水体处于无色透明状态。

四、实验内容

按供水排气、加注染色和消色药水的要求进行开机操作,待水流稳定后开始紊动发生的实验。打开分流管调节阀 16,改变调节阀 15 的打开角度以调节上层流速 v_1,从而改变分界面流速差,以演示紊流逐渐形成的过程。

(1)上、下层界面呈平稳直线演示:由于上、下层流速相同,界面流速为零,因此界面清晰、平稳、呈一直线。

操作要求:将分流管调节阀 16 全开,下层红色水流由此流出。调节调节阀 15,使上层无色水流流速与下层流速相接近。若界面不稳定,可适当减小下层流速 v_2,方法是减小分流管调节阀 16 的打开角度,减小下层水流流速水头,并适当关小调节阀 15 使上、下层流速相近。

(2)波动形成与发展演示:调节调节阀 15,适当增大上层流速 v_1,界面处有明显的速度差,如图 4-2a 所示,于是开始发生微小波动。继续增大调节阀 15 的打开角度,即逐渐增大上层流速,波动现象更为明显,如图 4-2b 所示。

(3)波动转变为旋涡紊动演示:将调节阀 15 开到足够大时,波动失稳,波峰翻转,形成旋涡,界面消失。涡体的旋转运动,使得上、下层流体质点发生混掺,紊动发生。

(4)异重流实验:本仪器经适当改装可用来研究异重流的稳定性。密度 $\Delta\rho$ 是异重流的特性参数。环境工程中涉及的异重流的值 $\Delta\rho/\rho_2$ 通常在 0.003~0.03 之间。实验时可在溶液中加入一定比例的食盐或白糖来增大下层流体的密度。

五、成果分析

经隔板上、下层流道流出的两股水流在隔板末端汇合,如图 4-2a 所示。由于两股水流汇合前的流速不同,在交界面处流速发生跳跃性变化,这种交界面称为间断面。液体越过间断面时流速有突变,其速度梯度无穷大。根据牛顿内摩擦定律,间断面处的切应力 τ 也为无穷大,即

$$\tau = \mu \frac{\Delta v}{\Delta y} \tag{4-1}$$

式中:μ 为流速因数;v 为速度;y 为流体高度。

若 $\Delta y \to 0$,则 $\tau \to \infty$,但在现实中这种情况是不可能存在的。实际上间断面两侧水流的流速将重新调整,交界面是不稳定的,遇到偶然的波状扰动,交界面就会现出波动,如图 4-2c 所示。在波峰处,上层流体过水断面相对于下层流体过水断面变小,v_1 变大,根据伯努利方程,压强 p_1 减少;而下层流体则相反,由于过水断面相对于上层流体过水断面增大而

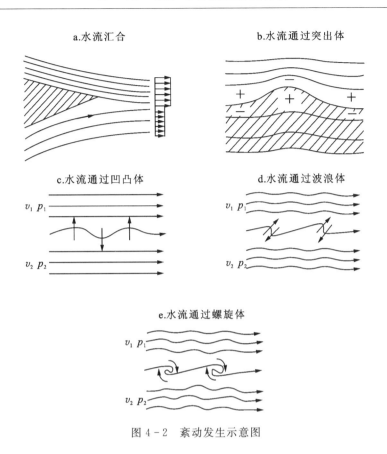

图 4-2 紊动发生示意图

流速 v_2 变小,压强 p_2 增大。于是在波峰处产生一个指向波峰方向的横向压力,使波峰凸得更高。在波谷处情况相反,上层压强 p_1 增大,而下层压强 p_2 减小,产生的横向压力使波谷下凹更低。这样整个流程凸段越凸,凹段越凹,波状起伏更加显著,如图 4-2d 所示。最后间断面破裂,液体翻滚而形成一个个旋涡,如图 4-2e 所示。以上即是紊动形成的过程。涡体的运动使得上、下层流体质点发生混掺,形成紊流。在剪切流动中,即使没有间断面,横向流速梯度也会产生旋涡。如雷诺实验中,当 Re 达到一定数值后,颜色水线开始抖动,质点发生混掺,这也是旋涡产生的一种情况。因此,可以这样理解,产生波动和紊动现象的原因是水流中有横向的流速梯度存在,只有在流速梯度足够大时,波动的扰动状态才会演变为旋涡发生的紊流状态。

流体的黏滞性对旋涡的产生、存在和发展具有决定性作用。旋涡产生后,涡体中旋转方向与水流同向的一侧速度较大,相反的一侧速度较小。由于流速大,压强小,涡体两侧存在压差,形成了作用于涡体的升力(或沉力),如图 4-2e 所示。这个升力(或沉力)使涡体有脱离原来的流层而掺入邻近流层的趋势。由于流体的黏滞性对涡体的横向运动有抑制作用,只有当促使涡体横向运动的惯性力大于黏滞阻力时,才会产生涡体的混掺。表征惯性力与黏滞阻力的比值是雷诺数。雷诺数低于临界雷诺数时,由于黏滞阻力起主导作用,涡体就不能发展和移动,也就不会产生紊流,这就是为什么可以用雷诺数作为流动型态判数。

研究旋涡产生后是继续发展增强,还是由于黏滞阻力而衰减消失,这个问题称为层流的稳定性问题。旋涡随时间进程而逐渐衰减时层流是稳定的;反之,如果旋涡随时间进程而逐渐增强则层流不稳定,最后会发展为紊流。研究层流稳定性问题的目的在于找出各种不同边界流动时的临界雷诺数。

类似于圆管雷诺数 $Re=\dfrac{vd}{\nu}$ 可求得方管的 Re' 公式为

$$Re' = \frac{Q}{2(b+h)\nu} \tag{4-2}$$

式中:Q 为流量;b 为方管截面宽度;h 为方管截面高度;ν 为运动黏性系数。

实验十 雷诺实验

一、实验目的和要求

(1)观察层流、湍流的流态及其转换过程。
(2)测定临界雷诺数,掌握圆管流态判别准则。
(3)学习应用量纲分析法进行实验研究的方法,确定非圆管流的流态判别准数。

二、实验原理

1883 年,奥斯本·雷诺(Osborne Reynolds)采用类似于图 4-3 所示的实验装置,观察到流体存在层流和湍流两种流态:流速较小时,水流有条不紊地做呈层状的有序直线运动,流层间没有质点混掺,这种流态称为层流;当流速增大时,流体质点做杂乱无章的无序直线运动,流层间质点混掺,这种流态称为湍流。雷诺实验还表明实验过程中存在着使湍流转变为层流的临界流速 v_c,v_c 与流体的黏度 ν、圆管的直径 d 有关。若要判别流态,就要确定各种情况下的 v_c 值,需要先对这些相关因素的不同量值进行排列组合,再分别进行实验研究,工作量巨大。雷诺的贡献不仅在于发现了两种流态,还在于运用量纲分析的原理,得出了量纲为 1 的判据——雷诺数 Re,使问题得以简化。量纲分析如下。

因

$$v_c = f(\nu, d) \tag{4-3}$$

根据量纲分析法有

$$v_c = k_c \nu^{a_1} d^{a_2} \tag{4-4}$$

式中:k_c 是量纲为 1 的数;a_1、a_2 为系数。

量纲关系为

$$[LT^{-1}] = [L^2 T^{-1}]^{a_1} [L]^{a_2} \tag{4-5}$$

由量纲和谐原理,得 $a_1=1, a_2=-1$。

即

$$v_c = k_c \frac{\nu}{d} \text{ 或 } k_c = \frac{v_c d}{\nu} \tag{4-6}$$

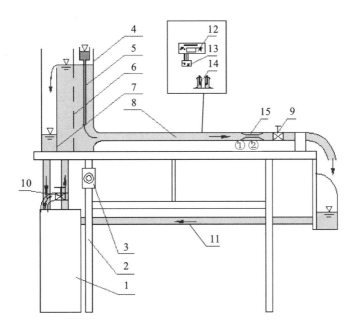

1. 自循环供水器；2. 实验台；3. 供水器开关；4. 恒压水箱；5. 有色水水管；6. 稳水孔板；7. 溢流板；8. 实验管道（上）；9. 流量调节阀；10. 溢流稳流阀；11. 实验管道（下）；12. 智能化数显流量仪；13. 传感器；14. 稳压筒；15. 管道文丘里流量计。

图 4-3 雷诺实验装置图

雷诺实验可测定管流的流态从湍流过渡到层流时的临界值 k_c，并验证它是否为常数。结果表明 k_c 为常数。于是，量纲为 1 的数 vd/ν 便成了适合于任何管径，任何牛顿流体的流态由湍流转变为层流的判据。由于雷诺的贡献，vd/ν 被定名为雷诺数 Re。于是有

$$Re = \frac{vd}{\nu} = \frac{4q_v}{\pi \nu d} = Kq_v \tag{4-7}$$

式中：v 为流体流速；ν 为流体运动黏度；d 为圆管直径；q_v 为圆管内过流流量；K 为计算常数。

$$K = \frac{4}{\pi \nu d} \tag{4-8}$$

当流量由大逐渐变小，流态从湍流变为层流，对应一个下临界雷诺数 Re_c；当流量由零逐渐增大，流态从层流变为湍流，对应一个上临界雷诺数 Re_c'。上临界雷诺数受外界干扰，数值不稳定，而下临雷诺数 Re_c 值比较稳定，因此一般以下临界雷诺数作为判别流态的标准。雷诺经反复测试，得出圆管流动的下临界雷诺数 Re_c 值为 2300。工程上，一般取 $Re_c=2000$。当 $Re<Re_c$ 时，管中液流流态为层流，反之为湍流。

对于非圆管流动，雷诺数可以表示为

$$Re = \frac{vR}{\nu} \tag{4-9}$$

式中：$R=A/\chi$；R 为过流断面的水力半径；A 为过流断面面积；χ 为湿周（过流断面上液体与固体边界接触的长度）。

以水力半径作为特征长度表示的雷诺数也称为广义雷诺数。

三、实验装置

1. 实验装置简图

实验装置及各部分名称如图4-3所示。

2. 装置说明

供水流量由恒压水箱调控,调节溢流稳流阀10使恒压水箱4始终保持微溢流的状态,以提高进口前水体的稳定度。该恒压水箱设有多道稳水隔板,可使稳水时间缩短至3~5min。有色水经有色水水管5注入实验管道(上)8,可根据有色水散开与否判别流态。为防止自循环水被污染,有色指示水采用自行消色的专用色水。实验流量由流量调节阀9调节。流量由智能化数显流量仪测量,使用时须先排气调零,仪器可显示为一级精度的瞬时流量值,详见伯努利方程实验。水温由数显温度计测量。

四、实验内容与方法

1. 定性分析实验

观察两种流态操作为:启动水泵供水,使水箱溢流,待水流稳定后,微开流量调节阀,打开颜色水管道的阀门,注入颜色水,可以看到圆管中颜色水随水流流动呈直线状,这时的流态即为层流。进一步开大流量调节阀,流量增大到一定程度时,可见管中颜色水发生混掺,直至消色。这表明流体质点已经发生无序的杂乱运动,这时的流态即为湍流。

2. 定量分析实验实验

1) 测定下临界雷诺数

先调节管中液流流态呈湍流状,再逐步关小调节阀,每调节一次流量后,稳定一段时间并观察液流流态。当颜色水开始形成一直线时,表明液流由湍流刚好转为层流,此时管流即为下临界流动状态。测定流量,记录数显温度计所显示的水温值,即可得出下临界雷诺数。注意:当液流接近下临界流动状态时,应微调流量,调节过程中流量调节阀只可关小不可开大。

2) 测定上临界雷诺数

先调节管中液流流态呈层流状,再逐步开大调节阀,每调节一次流量后,稳定一段时间并观察液流流态。当颜色水开始散开混掺时,表明液流由层流刚好转为湍流,此时管流即为上临界流动状态。记录智能化数显流量仪的流量值和水温,即可得出上临界雷诺数。注意:流量应微调,调节过程中流量调节阀只可开大不可关小。

3) 分析设计实验

任何截面形状的管流、明渠流或任何牛顿流体流动时的流态转变临界流速v_c与运动黏度ν、水力半径R有关。要求通过量纲分析确定其流广义雷诺数。设计测量明渠流广义下临界雷诺数的实验方案,并根据上述圆管实验的结果得出广义下临界雷诺数。

五、数据处理及成果要求

1. 记录有关信息及实验常数

实验设备名称：__雷诺实验仪__　　　　　　实验台号：_____

实　验　者：_____　　　　　　　　实验日期：_____

管径 $d=$ __1.40__ $\times 10^{-2}$ m，水温 $t=$ __12.5__ ℃，计算常数 $K=$ __74.6__ $\times 10^6$ s/m³，

运动黏度 $\nu = \dfrac{0.017\,75 \times 10^{-4}}{1+0.033\,7t+0.000\,221t^2}$ m²/s $=$ __0.012 19__ $\times 10^{-4}$ m²/s。

2. 实验数据记录及结果计算

实验数据及计算结果记入表 4-1。

表 4-1　雷诺实验记录计算表

实验次序	颜色水线形状	流量 q_v/ 10^{-6} m³·s^{-1}	雷诺数 Re	阀门开度增(↑)或减(↓)	备注
1	完全散开	68.1	5076	↓	—
2	弯曲、断续	35.7	2664	↓	—
3	稳定直线	30.3	2262	↓	下临界
4	完全散开	60.4	4503	↑	—
5	稳定直线	28.7	2144	↓	下临界
6	稳定直线	28.5	2128	↓	下临界
7	完全散开	57.3	4276	↑	上临界
实测下临界雷诺数（平均值）$\overline{Re_c}=2178$					

3. 成果要求

(1) 测定下临界雷诺数（测量 2～4 次，取平均值），见表 4-1。

(2) 测定上临界雷诺数（测量 1～2 次，分别记录），见表 4-1。

(3) 确定广义雷诺数表达式及圆管流的广义下临界雷诺数实测数值。

因为水力半径 R 为

$$R = \dfrac{A}{\chi} \qquad (4-11)$$

式中：A 为过流断面面积；χ 为过流断面湿周。因 R 的量纲为 $[L]$，将 R 替代"二、实验原理"中的圆 d 直径，经同样的量纲分析可得广义流态判别雷诺数形式为

$$Re = \dfrac{vR}{\nu} \qquad (4-12)$$

该雷诺数适用于圆管、非圆管、有压流或无压流等各种流动条件下的流态判别。经实验

验证,其湍流转变为层流的广义下临界雷诺数均为 $Re_c = \dfrac{vR}{\nu} = 575$ 或近似取为 $Re_c = \dfrac{vR}{\nu} = 500$,这与管流的雷诺实验 $Re_c = \dfrac{vd}{\nu} = 2300$ 或近似为 $Re_c = \dfrac{vd}{\nu} = 2000$,结果一致,因圆管 $R = A/\chi = \dfrac{\pi}{4}d^2/\pi d = \dfrac{d}{4}$,即 $\dfrac{vR}{\nu} = \dfrac{vd}{4\nu}$。

本实验测得的广义下临界雷诺数(表 4-1)为

$$Re_c = \dfrac{vR}{\nu} = \dfrac{vd}{\nu} = \dfrac{1}{4} \times 2178 = 544.5$$

测量明渠流广义下临界雷诺数的实验方案(以矩形明渠为例)如下。

首先,确定明渠流水力参数与广义下临界雷诺数的关系

$$Re = \dfrac{vR}{\nu} = \dfrac{q_v}{A} \cdot \dfrac{A}{\chi} \cdot \dfrac{1}{\nu} = \dfrac{q_v}{\chi\nu} \tag{4-13}$$

$$\chi = b + 2h \tag{4-14}$$

式中:q_v 为过流量;χ 为湿周;b 为渠宽;h 为水深($h = \nabla_h - \nabla_0$,∇_h 与 ∇_0 分别为液面与渠底的测针读数)。

其次,实验装置如图 4-3 所示,并进行如下改造:①明渠实验段长管水槽 6 的尾部加装一个流量调节阀;②在恒压水箱 4 处加装雷诺实验用的有色水盛水杯、连接软管与给水针管,针管方向平行水流方向,伸入明渠部分不少于 0.3m。

再次,实验时,明渠实验段长管水槽 6 中水位基本与溢流口齐平,用流量调节阀 9 调节过流量,观察有色水的散开或聚集状况,以确定临界流动状态。

最后,测定临界流流量 q_v、湿周 χ、水温 T,进而可得 Re_c。

六、注意事项

(1)实验过程中应始终保持恒压水箱内水流处于微溢流状态。
(2)实验过程中不要推、压实验台,以防水体受到扰动。

七、分析思考题

(1)为何认为上临界雷诺数无实际意义,而采用下临界雷诺数作为层流与湍流的判据?
(2)试结合紊动机理实验,分析由层流过渡到湍流的机理。

实验十一　局部水头损失实验

一、实验目的和要求

(1)学习并掌握三点法、四点法测量局部阻力因数的技能,并比较突扩管的实测值与理论值、突缩管的实测值与经验值。
(2)通过阀门局部阻力因数测量的设计性实验,学习二点法测量局部阻力因数的方法。

二、实验原理

流体在流动的局部区域,如流体流经管道的突扩、突缩和闸门等处(图 4-4),由于固体边界的急剧改变而引起速度分布的变化,甚至使主流脱离边界,形成旋涡区,从而产生的阻力称为局部阻力。由于局部阻力作功而引起的水头损失称为局部水头损失,用 h_j 表示。局部水头损失是在一段流程上,甚至相当长的一段流程上完成的,如图 4-4 所示,断面 1—1′ 至断面 2—2′,这段流程上的总水头损失包含了局部水头损失和沿程水头损失。若用 $h_i(i=1,2\cdots)$ 表示第 i 断面的测压管水头,即有

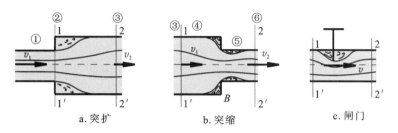

图 4-4 局部水头损失

$$h_w = h_j + h_{f1-2} = \left(h_1 + \frac{av_1^2}{2g}\right) - \left(h_2 + \frac{av_2^2}{2g}\right) \tag{4-15}$$

或

$$h_j = \left(h_1 + \frac{av_1^2}{2g}\right) - \left(h_2 + \frac{av_2^2}{2g}\right) - h_{f1-2} \tag{4-16}$$

局部阻力因数 ζ 为

$$\zeta = \frac{h_j}{\left(\frac{v^2}{2g}\right)} \tag{4-17}$$

(1)圆管突扩段:本实验仪可采用三点法测量局部阻力因数。三点法是在突扩管段上布设 3 个测点,如图 4-4a 测点①、②、③所示。流段①至②为突扩段局部水头损失发生段,流段②至③为均匀流流段。本实验仪测点①至②间距为测点②至③间距的一半,h_{f1-2} 按流程长度比例换算得出。

$$h_{f1-2} = h_{f2-3}/2 = \Delta h_{2-3}/2 = (h_2 - h_3)/2 \tag{4-18}$$

$$h_j = \left(h_1 + \frac{av_1^2}{2g}\right) - \left(h_2 + \frac{av_2^2}{2g} + \frac{h_2 - h_3}{2}\right) = E_1' - E_2' \tag{4-19}$$

式中:h_i 为测压管水头值,当基准面选择在标尺零点时即为第 i 断面测压管液位的标尺读值;E_1'、E_2' 分别表示式中的前、后括号项。

因此只要实验测得 3 个测压点的测压管水头值 h_1、h_2、h_3 及流量即可得突扩段局部阻力水头损失。

若圆管突扩段的局部阻力因数 ζ 用上游流速 v_1 表示,为

$$\zeta = h_j / \frac{\alpha v_1^2}{2g} \tag{4-20}$$

对应上游流速 v_1 的圆管突扩段理论公式为

$$\zeta = \left(1 - \frac{A_1}{A_2}\right)^2 \qquad (4-21)$$

式中：A_1、A_2 分别为上游圆管突扩和突缩前后的截面面积，A_1 为图 4-4a①处断面面积，A_2 为图 4-4b②处断面面积。

(2)圆管突缩段：本实验仪可采用四点法测量局部阻力因数。四点法是在突缩管段上布设 4 个测点，如图 4-4b 测点③、④、⑤、⑥所示。图中 B 点为突缩断面处。流段④至⑤为突缩局部水头损失发生段，流段③至④、⑤至⑥都为均匀流流段。流段④至 B 间的沿程水头损失按流程长度比例由测点③、④测得，流段 B 至⑤的沿程水头损失按流程长度比例由测点⑤、⑥测得。本实验仪 $l_{3-4}=2l_{4-B}$，$l_{B-5}=l_{5-6}$，有 $h_{f4-B}=h_{f3-4}/2=\Delta h_{3-4}/2$，$h_{fB-5}=h_{f5-6}=\Delta h_{5-6}$。

则

$$h_{f4-5} = \Delta h_{3-4}/2 + \Delta h_{5-6} = (h_3 - h_4)/2 + h_5 - h_6 \qquad (4-22)$$

$$h_j = \left(h_4 + \frac{av_4^2}{2g} - \frac{h_3-h_4}{2}\right) - \left(h_5 + \frac{av_5^2}{2g} + h_5 - h_6\right) = E_4' - E_5' \qquad (4-23)$$

因此只要实验测得 4 个测压点的测压管水头值 h_3、h_4、h_5、h_6 及流量即可得突缩段局部阻力水头损失。

若圆管突缩段的局部阻力因数 ζ 用下游流速 v_5 表示，为

$$\zeta = h_j / \frac{av_5^2}{2g} \qquad (4-24)$$

对应下游流速 v_5 的圆管突缩段经验公式为

$$\zeta = 0.5\left(1 - \frac{A_5}{A_4}\right) \qquad (4-25)$$

式中：A_4、A_5 分别为下游圆管突扩和突缩前后的截面面积，A_4 为图 4-4b④处断面面积，A_5 为图 4-4b⑤处断面面积。

(3)测量局部阻力因数的二点法：在局部阻碍处的前后顺直流段上分别设置一个测点，在某一流量下测定两点间的水头损失，然后将等长度的直管段替换局部阻碍段，再在同一流量下测定两测点间的水头损失，由两水头损失之差即可得局部阻碍段的局部水头损失。

三、实验装置

1. 实验装置简图

实验装置及各部分名称如图 4-5 所示。

2. 装置说明

(1)实验管道由突扩圆管、突缩圆管等管段组成，各管段直径已知。在实验管道上共设有 6 个测压点，测点①～③和③～⑥分别用以测量突扩圆管及突缩圆管的局部阻力因数。其中测点①位于突扩的起始界面处，这里引用公认的实验结论在"突扩"的环状面上的动水压强近似按静水压强规律分布，认为可在该测点测量小管出口端中心处压强值。气阀 8 用于实验开始前排出管中滞留气体。

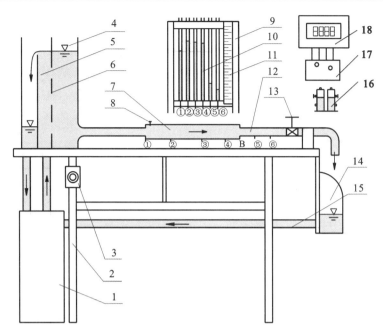

1.自循环供水器;2.实验台;3.供水器开关;4.恒压水箱;5.溢流板;6.稳水孔板;7.突扩圆管;8.气阀;9.测压计;10.测压管①~⑥;11.滑动测量尺;12.突缩圆管;13.流量调节阀;14.回流接水斗;15.下回水管;16.稳压筒;17.传感器;18.智能化数显流量仪。

图 4-5 局部水头损失实验装置简图

(2)流量测量——智能化数显流量仪:智能化数显流量仪系统包括实验管道内配套流量计、稳压筒、高精密传感器和智能化数显流量仪(含数字面板表及 A/D 转换器)。该流量仪为管道式瞬时流量仪,测量精度为一级。流量仪的使用方法参见伯努利方程实验,须先排气调零,流量仪所显示的数值为瞬时流量值。

3.基本操作方法

(1)排气:启动水泵待恒压水箱溢流后,关闭实验流量调节阀13,打开气阀8排出管中滞留气体。排气后关闭气阀8,并检查测压管各管的液面是否齐平,若不平,重复排气操作,直至齐平,智能化数显流量仪调零。

(2)测压管水头用测压计测量:基准面可选择在滑动测量尺零点上。

(3)流量测量:实验中用流量调节阀13调节,记录智能化数显流量仪显示的流量值。

四、实验内容与方法

1.定量分析实验

(1)测量突扩段局部水头损失与突缩段局部水头损失,并测定相应的局部水头损失因数。

参照实验基本操作方法,在恒定流条件下改变流量大小 2~3 次,其中一次为最大流量,待流量稳定后,测记各测压管液面读数,同时测记实验流量。实验数据处理与分析参考第五部分"数据处理及成果要求"。

2. 设计性实验

利用图 4-5 实验装置,设计某打开角度下阀门的局部阻力因数的测量实验。要求用二点法测量,设计实验装置改造简图,制订实验方案,并结合实验 CAI 软件(已随仪器配置),进行计算机仿真实验。

五、数据处理及成果要求

1. 记录有关信息及实验常数

实验设备名称:<u>局部阻力综合实验仪</u>　　　　实验台号:_____

实　验　者:_____　　　　　　　　　实验日期:_____

实验管段直径:$d_1=D_1=$ <u>　1.08　</u> $\times 10^{-2}$ m, $d_2=d_3=d_4=D_2=$ <u>　2.0　</u> $\times 10^{-2}$ m, $d_5=d_6=D_3=$ <u>　1.13　</u> $\times 10^{-2}$ m。

实验管段长度:$l_{1-2}=$ <u>　12.00　</u> $\times 10^{-2}$ m, $l_{2-3}=$ <u>　24.00　</u> $\times 10^{-2}$ m, $l_{3-4}=$ <u>　12.00　</u> $\times 10^{-2}$ m, $l_{4-B}=$ <u>　6.00　</u> $\times 10^{-2}$ m。 $l_{B-5}=$ <u>　6.00　</u> $\times 10^{-2}$ m。 $l_{5-6}=$ <u>　6.00　</u> $\times 10^{-2}$ m。

2. 实验数据记录及结果计算

实验数据及结果记入表 4-2、表 4-3。

表 4-2　局部水头损失实验记录表

实验序次	流量 q_v/ 10^{-6} m$^3 \cdot$ s^{-1}	测压管读数/10^{-2} m					
		h_1	h_2	h_3	h_4	h_5	h_6
1	134.9	15.90	20.20	19.60	19.30	4.90	2.10
2	126.8	18.00	21.90	21.35	21.10	8.25	5.74
3	118.1	20.60	23.85	23.40	23.20	12.10	10.00

表 4-3　局部水头损失实验计算表

实验序次	阻力形式	流量 q_v	前断面		后断面		h_j	理论值 ζ	经验值 ζ
			$\dfrac{\alpha v^2}{2g}$	E_1'	$\dfrac{\alpha v^2}{2g}$	E_2'			
		10^{-6} m^3/s	10^{-2} m	10^{-2} m	10^{-2} m	10^{-2} m	10^{-2} m		
1	突然扩大	134.9	11.075	26.97	0.942	21.44	5.53	0.499	0.502
2		126.8	9.778	27.78	0.831	23.01	4.77	0.488	0.502
3		118.1	8.467	29.07	0.720	24.79	4.28	0.506	0.502
1	突然缩小	134.9	0.942	20.09	9.241	16.94	3.15	0.341	0.340
2		126.8	0.831	21.81	8.159	18.92	2.89	0.354	0.340
3		118.1	0.720	23.82	7.065	21.26	2.56	0.362	0.340

注:ζ 对应于突扩段的 v_1 或突缩段的 v_5。

3.成果要求

(1)测定突扩断面局部水头损失因数 ζ 并与理论值进行比较,数据见表 4-3。
(2)测定突缩断面局部水头损失因数 ζ 并与经验值进行比较,数据见表 4-3。
(3)完成设计性实验。

试采用二点法,利用图 4-5 所示实验仪器设计测定阀门局部阻力因数的实验。

局部阻力因数可将图 4-5 所示实验仪器进行局部改动后测量得到。局部改动如下:距流量调节阀 13 前端一定距离处设置一闸阀,并在闸阀上、下游分别设置测点⑦、⑧及相应的测压管。将闸阀调节到某一开度,然后流量调节阀 13 至某一流量 q_v,读出测压管⑦、⑧的读数 h_7、h_8;取下闸阀,用等长度的直管段替换闸阀,连接后在同等流量下读取测压管⑦、⑧的读数 h'_7、h'_8,于是可得闸阀在该流量下的局部水头损失为

$$h_j = h_{w7-8} - h_{f7-8} = (h_7 - h_8) - (h'_7 - h'_8) = h_{7-8} - h'_{7-8} \quad (4-26)$$

式中:h_{w7-8} 为测点⑦、⑧的总水头损失;h_{f7-8} 为测点⑦、⑧的沿程水头损失。

则局部水头损失因数 ζ 值为

$$\zeta = h_j / \frac{av^2}{2g} \quad (4-27)$$

六、注意事项

(1)恒压水箱要求始终保持在溢流状态,确保水头恒定。
(2)测压管后设有平面镜,测记各测压管水头值时,要求视线与测压管液面及镜子中影像液面齐平,读数精确到 0.5mm。
(3)其他注意事项参见伯努利方程实验。

七、分析思考题

(1)管径粗细相同、流量相同条件下,试问 $d_1/d_2(d_1 < d_2)$ 在何范围内圆管突扩段的水头损失比突缩段的大?
(2)结合流动演示仪演示的水力现象,分析局部阻力损失机理。产生突扩段与突缩段局部水头损失的主要部位在哪里?怎样减小局部水头损失?
(3)局部阻力类型众多,局部阻力因数的计算公式除"突扩"是由理论推导得出之外,其他都是由实验得出的经验公式。试问,获得经验公式有哪些途径?

实验十二 沿程水头损失实验

一、实验目的和要求

(1)学会测定管道沿程水头损失因数 λ 和管壁平均当量粗糙度 Δ 的方法。
(2)分析圆管恒定流动的水头损失规律、λ 随雷诺数 Re 变化的规律,验证沿程水头损失 h_f 与平均流速 v 的关系。

二、实验原理

(1) 对于通过直径不变的圆管的恒定水流,沿程水头损失由达西公式表达为

$$h_f = \lambda \frac{l}{d} \frac{v^2}{2g} \qquad (4-28)$$

式中:λ 为沿程水头损失因数;l 为上下游测量断面之间的管段长度;d 为管道直径;v 为断面平均流速。

若在实验中测得沿程水头损失 h_f 和断面平均流速,则可直接得沿程水头损失因数为

$$\lambda = \frac{2gdh_f}{l} \cdot \frac{1}{v^2} = \frac{2gdh_f}{l} \left(\frac{\pi}{4} d^2 / q_v \right)^2 = k \frac{h_f}{q_v^2} \qquad (4-29)$$

其中

$$k = \frac{\pi^2 g d^5}{8l} \qquad (4-30)$$

由伯努利方程可得

$$h_f = \left(z_1 + \frac{p_1}{\rho g} \right) - \left(z_2 + \frac{p_2}{\rho g} \right) = \Delta h \qquad (4-31)$$

沿程水头损失 h_f 即为两测点间的测压管水头差 Δh,可用压差计或电测仪测得。

(2) 圆管层流运动的水头损失因数为

$$\lambda = \frac{64}{Re} \qquad (4-32)$$

(3) 管壁平均当量粗糙度 Δ 在流动处于湍流过渡区或阻力平方区时测量,可由巴尔公式确定。

$$\frac{1}{\sqrt{\lambda}} = -2\lg \left[\frac{\Delta}{3.7d} + 4.1365 \left(\frac{\nu d}{q_v} \right)^{0.89} \right] \qquad (4-33)$$

即

$$\Delta = 3.7d \times \left[10^{-\frac{1}{2\sqrt{\lambda}}} - 4.1365 \left(\frac{\nu d}{q_v} \right)^{0.89} \right] \qquad (4-34)$$

三、实验装置

1. 实验装置简图

实验装置及各部分名称如图 4-6 所示。

2. 装置说明

(1) 水泵与稳压器。自循环高压恒定全自动供水器 1 由水泵、压力自动限制开关、气-水压力罐式稳压器等组成,压力超高时能自动停机,过低时能自动开机。为避免因水泵直接向实验管道供水而造成的压力波动等影响,水泵供的水先进入稳压器的压力罐,经稳压后再送向实验管道。

(2) 旁通管与旁通阀。在进行小流量实验时,通过旁通管分流可使水泵持续稳定运行。

(3) 实验中流量调节阀 15 用于调节层流实验流量,旁通管及旁通阀 8 在流体处于层流

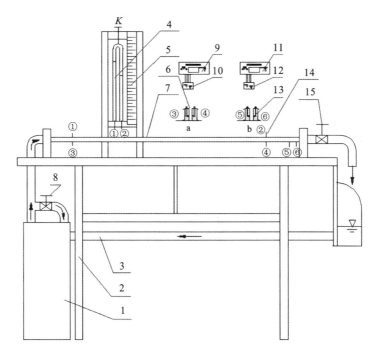

1.自循环高压恒定全自动供水器;2.实验台;3.回水管;4.压差计;5.滑动测量尺;6.稳压筒 a;7.实验管道;8.旁通管及旁通阀;9.数显压差仪;10.压差传感器;11.数显流量仪;12.压差传感器;13.稳压筒 b;14.测压点;15.流量调节阀。

图 4-6 沿程水头损失实验装置图

状态时用于分流(全开),湍流时用于调节实验流量。

(4)实验管道 7 为不锈钢管道,其测压断面上沿"十"字形方向设有 4 个测压孔,经过均压环与测点管嘴相连通。

(5)本实验仪配有压差计 4(倒 U 型气-水压差计)和压差数显仪 9。压差计 4 测量范围为 $0\sim0.3mH_2O$,数显压差仪 9 测量范围为 $0\sim10mH_2O$,视值单位为 $10^{-2}mH_2O$。压差计 4 与数显压差仪 9 所测得的压差值均可等值转换为两测点间的测压管水头差,单位为 m。在测压点与压差计之间的连接软管上设有管夹,除湍流实验时管夹关闭外,其他操作时管夹均处于打开状态。

(6)流量测量使用智能化数显流量仪。智能化数显流量仪系统包括实验管道内配套流量计、稳压筒、高精密传感器和智能化数显流量仪(含数字面板表及 A/D 转换器)。该流量仪为管道式瞬时流量仪,测量精度为一级。流量仪的使用方法参见伯努利方程实验,须先排气调零,流量仪所显示的数值为瞬时流量值。

(7)配有数显温度计。

3.基本操作方法

1)层流实验

层流实验压差由压差计测量,流量采用称重法或量体积法测量。

(1)称重法或量体积法是在某一固定的时段内,计量流过的水流的质量或体积,进而得出单位时间内流过的流体量,是依据流量定义的测量方法。本实验及后述各实验的流量测量方法常用称重法或量体积法,用秒表计时,用电子秤称重,小流量时,也可用量筒测量流体体积。为保证测量精度,一般要求计时大于15s。

(2)压差计连通管排气与压差补气。启动水泵,全开流量调节阀15,间歇性开关旁通阀8数次,待水从压差计顶部流过即可。若测压管内水柱过高时须补气,全开旁通阀8,打开压差计4顶部气阀K,自动充气使压差计中的右管液位降至底部(必要时可短暂关闭流量调节阀15),立即拧紧气阀K即可。排气后,全关流量调节阀15,测压计压差应为零。

(3)实验时始终全开旁通阀8,用流量调节阀15调节流量。层流状态时的压差值仅为2～3cm,水温越高,差值越小,由于水泵发热,水温持续升高,应先进行层流实验。用压差计测量,流量调节后须等待几分钟,待流量稳定后再测量。

2)湍流实验

湍流实验测量压差时用管夹关闭压差计连通管,压差由数显压差仪测量,流量用智能化数显流量仪测量。

(1)调零。启动水泵,全开流量调节阀15,间歇性开关旁通阀8数次,以排出连通管中的气泡。然后,在关闭旁通阀8的情况下,使管道中充满水但流速为零,此时压差仪和流量仪读值都应为零;若不为零,则可旋转电测仪面板上的调零电位器,使读值为零。

(2)流量调节方法:全开流量调节阀15,调节旁通阀8来调节流量。

(3)流量用智能化数显流量仪测量。

无论层流还是湍流实验,每次实验均须测记水温。

四、实验内容与方法

1. 沿程水头损失因数测量与分析实验

参照实验基本操作方法,分别在层流和湍流两种流态下测量流量、水温、压差各4～6次。实验数据参考表4-4处理。

2. 设计性实验

试利用图4-6所示实验仪器设计测定实验管段管壁平均当量粗糙度 Δ 的实验。

五、数据处理及成果要求

1. 记录有关信息及实验常数

实验设备名称:__沿程阻力综合实验仪__　　实验台号:_____

实　验　者:_____　　实验日期:_____

圆管直径 $d=$ __0.68__ $\times 10^{-2}$m,测量段长度 $l=$ __85.00__ $\times 10^{-2}$m。

2. 实验数据记录及结果计算

实验数据及结果记入表4-4。

第四章　流体运动能量损失实验

表 4-4　沿程水头损失实验记录计算表

实验序次	体积 V 10^{-6}m^3	时间 t s	流量 q_v $10^{-6}\text{m}^3/\text{s}$	流速 v 10^{-2}m/s	水温 T ℃	黏度 ν $10^{-4}\text{m}^2/\text{s}$	雷诺数 Re	压差计、电测仪读数 h_1 10^{-2}m	压差计、电测仪读数 h_2 10^{-2}m	沿程损失 h_f 10^{-2}m	沿程损失因数 λ	$\lambda=\dfrac{64}{Re}$ ($Re<2300$)
1	212	71.7	2.96	8.26	22.7	0.009 45	590	25.10	24.70	0.40	0.091 0	0.108 5
2	247	54.8	4.51	12.60	22.7	0.009 45	900	25.15	24.50	0.65	0.063 7	0.071 1
3	296	42.5	6.96	19.46	23.6	0.009 25	1420	25.25	24.62	1.05	0.043 2	0.045 1
4	302	35.4	8.53	23.84	23.6	0.009 25	1739	25.30	24.00	1.30	0.035 6	0.036 8
5	390	36.7	10.63	29.70	23.6	0.009 25	2167	25.50	23.80	1.70	0.030 0	0.029 5
6	—	—	33.80	94.52	24.1	0.009 15	6972		18.40	18.40	0.032 0	—
7	—	—	53.70	150.15	24.1	0.009 15	11 076		45.99	45.99	0.031 7	—
8	—	—	76.40	213.36	24.1	0.009 15	15 739		83.16	83.16	0.028 4	—
9	—	—	130.00	363.28	24.1	0.009 15	26 799		219.87	219.87	0.025 9	—
10	—	—	218.20	609.87	24.1	0.009 15	44 990		536.76	536.76	0.022 5	—
11	—	—	278.30	777.57	24.6	0.009 04	58 059		837.90	837.90	0.021 6	—

3. 成果要求

(1) 测定沿程水头损失因数 λ 值，分析沿程水头损失因数 λ 随雷诺数的变化规律，并将结果与穆迪图进行比较，分析实验结果在穆迪图中的区域。

通常根据在实验点测得的数据所绘得的 $Re-\lambda$ 曲线显示实验点处于光滑管区，本次实验所列的实验值也验证了这个结论。但是有的实验结果 $Re-\lambda$ 相应点会落到穆迪图中光滑管区的右下方，对此必须认真分析原因。

如果由误差所致，那么据下式

$$\lambda = \pi^2 g d^5 h_f / 8 l q_v^2 \qquad (4-35)$$

d 和 q_v 对 λ 的影响最大，当 q_v 有 2% 的误差时，λ 就有 4% 的误差，而 d 有 2% 的误差时，λ 可产生 10% 的误差。q_v 的误差可经多次测量消除，而 d 是实验常数，由仪器制作时测量给定，一般 ε<1%。但随着仪器使用年限的增长，实验管道内可能有异物附着影响管径，也可能测压点受异物阻碍影响压差的测量精度。这些情况下需要清洗实验管道，以确保实验精度。

(2) 根据实测管道内流量和相应沿程损失值，绘制 $\lg v - \lg h_f$ 关系曲线，并确定其斜率 m，$m = \dfrac{\lg h_{f2} - \lg h_{f1}}{\lg v_2 - \lg v_1}$。将曲线的 m 值与已知各流区的 m 值进行比较验证。$\lg v - \lg h_f$ 关系曲线的斜率 $m=1.0\sim1.8$，即 h_f 与 $v^{1.0\sim1.8}$ 呈正比关系，表明流态为层流时 $m=1.0$，流体处于湍流光滑区和湍流过渡区(未达阻力平方区)。

(3) 完成设计性实验。试利用图 4-6 所示实验仪器设计测定实验管段管壁平均当量粗糙度 Δ。

当量粗糙度的测量可用本实验图 4-6 所示实验仪器的同样方法测定 λ 和 Re 值，然后用巴尔公式求解。

$$\dfrac{1}{\sqrt{\lambda}} = -2\lg\left(\dfrac{\Delta}{3.7d} + \dfrac{5.1286}{Re^{0.89}}\right) \qquad (4-36)$$

也可直接由 $\lambda-Re$ 关系曲线在穆迪图上查得 Δ/d，进而得出当量粗糙度 Δ。

注：实验应在雷诺数较大情况下进行，使流体处于湍流过渡区或阻力平方区。

六、注意事项

(1) 实验装置长期静置不用后再启动时，须在切断电源后，先用螺丝刀顶住电动机轴端，将电机轴转动几圈后方可通电启动。

(2) 实验时，去掉水泵罩壳，以防泵体过热。

(3) 其他注意事项参见伯努利方程实验。

七、分析思考题

(1) 为什么压差计的水柱差就是沿程水头损失？实验管道倾斜安装是否影响实验成果？

(2) 为什么管壁平均当量粗糙度 Δ 不能在流体处于湍流光滑区时测量？

第五章　流体流动状态分析实验

实验十三　自循环流谱线演示实验

一、实验目的和要求

(1) 通过自循环流谱流线显示仪器,观察流体运动的迹线、流线和染色线。
(2) 演示流体绕固体边界运动时的流动现象。
(3) 了解各种简单势流,如源、汇、平行流的流线图谱。

二、实验原理

目前已研制出的3种型号的流谱仪,分别用以演示机翼绕流、圆柱绕流和管渠过流,实验原理如下。

1. Ⅰ型单流道

Ⅰ型单流道用以演示机翼绕流的流线分布。机翼向天侧(外包线曲率较大)流线较密,由连续方程和能量方程知,流线密,表明流速大,压强低;而在机翼向地侧,流线较疏,流速小,压强较高。这表明整个机翼受到一个向上的合力,该力被称为升力。本仪器采用下述构造,能显示出升力的方向:在机翼腰部开有沟通两侧的孔道,孔道中有染色电极,在机翼两侧压力差的作用下,必有分流经孔道从向地侧流至向天侧,这可通过孔道中染色电极释放的色素显现出来,染色液体流动的方向,即为升力方向。此外,在流道出口端(上端)还可观察到流线汇集到一处,并无交叉,从而验证流线不会重合的特性。

2. Ⅱ型单流道

Ⅱ型单流道用以演示圆柱绕流。因为流体流速很低(0.5~1.0cm/s),能量损失极小,可忽略不计,故其流态可视为势流。因此仪器所显示的流谱上、下游几乎完全对称。这与圆柱绕流势流理论流谱特征基本一致;圆柱两侧转折点趋于重合,零流线(沿圆柱表面的流线)在前驻点分成左、右两支,经过90°点入流流速与背滞点流速相同,在背滞点处又合二为一。这是由于绕流液体是理想液体(势流必备条件之一),由伯努利方程知,圆柱绕流在前驻点($u=0$)势能最大,90°点($u=u_{max}$)势能最小,而到达后滞点($u=0$),动能又全转化为势能,势能又最大。故其流线又复原到驻点前的形状。

3. Ⅲ型双流道

Ⅲ型双流道用以演示文丘里管,孔板,逐渐收缩、突然扩大、突然缩小管段,明渠闸板等流段纵剖面上的流谱。演示是在雷诺数较小的情况下进行,液体在流经这些管段时,由于边界本身亦是一条流线,有扩有缩,通过在边界布设电极,该流线亦能得以演示。同上,若适当提高流动的雷诺数,经过一定时间后,流线就会在突然扩大管段拐角处脱离边界,形成旋涡,从而显示实际液体的总体流动图谱。

三、实验装置

1. 实验装置简图

实验装置及各部分名称如图 5-1 所示。

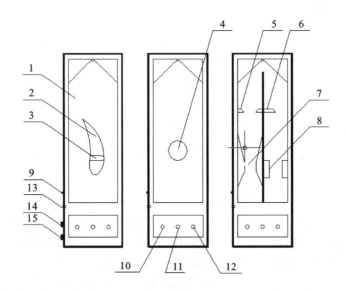

1. 显示盘;2. 机翼;3. 孔道;4. 圆柱;5. 孔板;6. 闸板;7. 文丘里管;8. 突缩管;9. 侧板;10. 水泵开关;11. 对比度旋钮;12. 电源开关;13. 电极电压测点;14. 流速调节阀;15. 放空阀。

图 5-1 流谱流线显示仪

2. 装置说明

(1)实验的流动过程采取封闭自循环形式,水泵开启,工作液体流动并自动染色。

(2)本仪器采用最先进的电化学法显示流线,用狭缝式流道组成过流面。

(3)固定在流场的起始段上的电极,在所释放的有颜色流体流过显示面后,会自动消色。放色、消色对流谱的显示均无任何干扰。

(4)由于所显示的流线太稳定,以致有可能被误认为是人工绘制的。为消除此误会,演示时可将泵关闭一下再重新开启,由流线上各质点流动方向发生变化即可识别。

3. 功能

(1)演示圆柱绕流的流线,迹线及流场驻点、流体源、流体汇集的势流流谱。

(2)演示文丘里管和孔板管流,逐渐扩散、逐渐收缩、突然扩大、突然缩小管段管流,明渠闸板和平面汇流的流线、迹线等势流流谱。

4.技术特性

(1)仪器由流线显示盘、前后罩壳、灯光、小水泵、直流供电装置等部件组成,流动过程采用封闭自循环形式。

(2)以自循环多流道组成显示屏,以化学溶液为工作流体,流线、迹线由电控染色显示,经显示屏后,能自动消色,可长期自循环工作。

(3)仪器的工作电压为220V。

(4)总耗电功率为15W。

(5)仪器装水总重约为6.8kg,体积为$(780 \times 195 \times 125)mm^3$。

5.安装使用说明

(1)配液:初始使用时,先要配制显示液和对仪器充液。配液时,取药粉一包(约0.15g),倒入小烧杯内,加入10~20mL体积分数75%的乙醇,使药粉充分溶解,然后将此溶液倒入2600mL蒸馏水中搅匀,接着加入几滴氢氧化钠溶液,使之由淡黄色变为微红色。若颜色偏红(会导致流线不清晰),可加入稀盐酸调整溶液至微红色。氢氧化钠溶液浓度应为0.005mol/L(0.2g/L),稀盐酸的浓度在0.001~0.01mol/L之间(即每100mL蒸馏水中滴入3~5滴浓盐酸)为宜。

(2)充液:打开侧板9,关闭放空阀15,用专用漏斗,向进水孔中注入工作液至淹没不锈钢丝过滤网为宜,注完液后用橡皮塞塞紧注液孔,防止工作液蒸发。内水箱中的过滤网使用时间较久后须先拆下清洗;工作液在保证纯净、无块状沉淀前提下,可以连续工作2~3年不必更换。

(3)启动:完成充液后,仪器即可正常使用。接通电源(电压为220V),打开水泵开关10、电源开关12及流速调节阀14,随着流道内工作液体的流动,红色与黄色相间的流线逐渐显现,并沿流延伸。

(4)调试:为达到最佳显示效果,需要调整流速,流体流动太快会导致流线不清晰,太慢则会造成流线歪扭倾倒。调节流速调节阀14,一般将流道内流体流速调至0.5~1.0m/s,再调节面板上对比度旋钮11(可从图5-1中电极电压测点13测得电压值),调节极间电压至合适大小(电压偏低,流线颜色淡,电压偏高,产生氢气泡干扰流场)。

仪器常见故障及排除方法见表5-1。

表5-1 流谱流线显示仪故障及排除方法

故障现象	故障原因	排除方法
泵不动	初用或长久未用	反复开、关几次
	电机电路不通	接通电路并稍稍转动泵盖

续表 5-1

故障现象	故障原因	排除方法
流线颜色浅	流道流速过大	调节流速调节阀 14
	极间电压低	调节面板对比度旋钮 11
	溶液碱性弱	加入适量的 0.005mol/L 氢氧化钠溶液
无流线出现	电解电极短路	给电极通电
	流速调节阀未开	打开流速调节阀
流线颜色上下不一	新配溶液碱性弱,颜色太浅	向水箱滴入适量的 0.005mol/L 氢氧化钠溶液至颜色适当
	长久未用,溶液颜色变黄	
日光灯不亮	插座松动,灯管或启辉器有损	修复或更换
水泵漏水	水泵内密封止水橡皮圈漏水	拆下水泵,将水泵内密封止水橡皮圈用生料带重新包裹后装回

(5)系统电路布置图:系统电路布置图如图 5-2 所示,若仪器电路存在问题,可依据该电路图逐级检查。

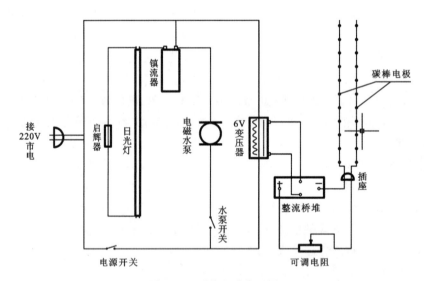

图 5-2 系统电路布置图

四、实验内容

1. 验证流线不会重合

Ⅰ型单流道演示机翼绕流的流线分布实验中,在流道出口端(上端)还可观察到流线汇集到一处,并无交叉,从而验证流线不会重合的特性。

2. 验证势流与涡流是性质完全不同的两种流态

当适当增大流速，Re 增大，流态由势流变成涡流后，流线的对称性就不复存在。此时虽圆柱上游流谱不变，但下游原合二为一的染色线被分开，尾流出现。由此可知，势流与涡流是性质完全不同的两种流态（涡流流谱参见流动演示仪所显示流谱）。

3. 说明均匀流、渐变流、急变流的流线特征

利用Ⅲ型双流道可说明均匀流、渐变流、急变流的流线特征。如直管段流线平行，流动类型为均匀流。文丘里管的喉管段，流线的切线大致平行，流动类型为渐变流。突缩、突扩处，流线夹角大或曲率大，流动类型为急变流。

4. 理解流线、迹线和色线

根据定义，流线是一瞬时的曲线，线上任一点的切线方向与该点的流速方向相同；迹线是某一质点在某一时段内的运动轨迹线；色线是源于同一点的所有质点在同一瞬间的连线。流体在仪器的流道中的流动类型均为恒定流。因此，所显示的染色线既是流线，又是迹线和色线（脉线）。

五、分析思考题

(1) 驻滞点的流线为何可分又可合，这与流线的性质是否矛盾呢？
(2) 实际液体的总体流动图谱如何显示？

实验十四　壁挂式自循环流动演示实验

一、实验目的和要求

(1) 演示流体经过不同边界情况下的流动形态，以观察不同边界条件下的流线、旋涡等现象，增强和加深对流体运动特性的认识。
(2) 演示水流绕过不同形状物体的驻点、尾流、涡街、非自由射流等现象。
(3) 加深对边界层分离现象的认识，充分认识流体在实际工程中的流动现象。

二、实验原理

该仪器以气泡为示踪介质。狭缝流道中设有特定边界流场，用以显示内流、外流、射流等多种流动图谱。半封闭状态下的工作液体（水）由水泵驱动从蓄水箱 6（图 5-3）经掺气后流经显示板，形成无数小气泡随水流流动，在仪器内日光灯的照射和显示板的衬托下，小气泡发出明亮的光（实为折射日光灯的光），清楚地显示出小气泡随水流流动的图像。由于气泡的大小、掺气量的多少可由掺气量调节阀 5 任意调节，故能使小气泡相对水流流动具有足够的跟随性。显示板设计了多种不同形状边界的流道，因而该仪器能显示不同边界流场的迹线、边界层分离、尾流、旋涡等多种流动图谱。

本仪器工作液体的流动为自循环流动，其流程如图 5-4 所示。

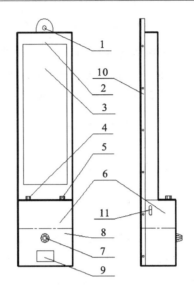

1.挂孔;2.彩色有机玻璃面罩;3.不同边界的流动显示面;4.加水孔孔盖;5.掺气量调节阀;6.蓄水箱;7.可控硅无级调速旋钮;8.电器、水泵室(内部结构);9.标牌;10.铝合金框架后盖;11.仪器开关。

图 5-3 壁挂式自循环流动演示仪

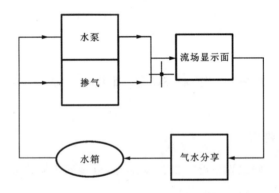

图 5-4 仪器工作流程图

三、实验装置

1.实验装置简图

实验装置及各部分名称如图 5-4 所示。

2.装置说明

(1)狭缝流道中设有特定边界流场,用以显示内流、外流、射流等多种流动图谱。

(2)显示板设计成多种不同形状边界的流道。

(3)气泡的大小、掺气量的多少可由掺气量调节阀 5 调节。

(4)打开或关闭进水阀门的动作要慢,不要突开、突关。

(5)有些单元典型流谱只会在进水流量合适的情况下出现,进水过多或过少均不适宜。

(6)开机后需等1～2min,待流道气体排净后再实验,否则仪器将不能正常工作。

3. 功能

(1)显示不同边界流场的迹线、边界层分离、尾流、旋涡等多种流动图谱。

(2)演示外流的尾迹形成、卡门涡街、传质传热等流场流谱。

(3)演示射流元件、附壁效应与射流控制原理等流线流谱共30余种。

4. 技术特性

(1)仪器的外形尺寸:高×宽×厚=$[1450×274×60(100)]mm^3$。

(2)该仪器可显示流谱图像有7种类型共31种。

(3)掺气度调节范围在0～20%之间(ZL-7型除外)。

(4)水泵功率为65W。

(5)仪器装水总质量约为9kg(未含水质量为3kg)。

5. 安装使用说明

(1)安装:仪器挂孔距离地面2.35m左右,仪器间中线对中线间隔约为37cm。仪器距离墙壁2cm左右,仪器之间间隔约为10cm,以便通风散热。

(2)检查:包括通电检查和加水检查。

通电检查:未加水前插上220V、50Hz电源,顺时针打开可控硅无级调速旋钮7,水泵启动,4支日光灯亮;继而顺时针转动旋钮,则水泵减速,但不影响日光灯;最后逆时针转动旋钮复原到关机前临界位置,水泵转速最快。

加水检查:加入蒸馏水或冷开水,可使水质长期不变。拨开加水孔孔盖4,用漏斗或虹吸法向水箱内加水,水量以水位升到观测窗总高度(左侧面)2/3处为宜。检查有无漏水现象,若有,应放水处理后再重新加水。

(3)启动:打开旋钮,关闭掺气量调节阀5,在最大流速下使显示面两侧下水道充满水。

(4)调试:旋动掺气量调节阀5,可改变掺气量(ZL-7型除外)。注意掺气量变化有滞后性,调节应缓慢、逐次进行,使之达到最佳显示效果。掺气量不宜太大,否则会阻断水流或产生振动(仪器产生强烈噪声)。

(5)注意事项:①水泵不能在低速下长时间工作,更不允许在通电情况下(日光灯亮)长时间处于停转状态,只有日光灯关灭才真正关机,否则水泵易烧坏;②更换日光灯时,须将后罩的侧面螺丝旋下,取下后罩,若更换启辉器,只需打开后罩下方的有机玻璃小盖板;③调速器旋钮的固定螺母松动时,应及时拧紧,以防止内接电路短路。

四、实验内容

(1)模拟串联管道纵剖面流谱。

ZL-1型流动演示仪在逐渐扩散段可显示由边界层分离而形成的旋涡,且越靠近上游喉颈处,流速越大,涡旋尺度越小,紊动强度越高;而在逐渐收缩段边界层无分离,流线均匀收缩,亦无旋涡。由此可知,逐渐扩散段局部水头损失大于逐渐收缩段(图5-5中1①流道)。

突然扩大段出现较大的旋涡区,而突然收缩只在死角处和收缩断面的进口附近出现

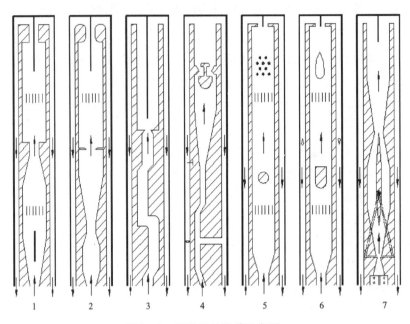

图 5-5　显示面过流道示意图

较小的旋涡区,这表明流体在突然扩大段比突然缩小段局部水头损失要大(缩、扩管段的直径比大于 0.7 时除外),而且突然缩小段的水头损失主要发生在突缩断面后部。

由于本仪器突然缩小段长度较短,故其流谱亦可视为直角进口管嘴的流动图谱。在管嘴进口附近,流线明显收缩,并有旋涡产生,致使有效过流断面面积减小,流速增大,从而在收缩断面出现真空。

在直角弯道和壁面冲击段,也有多处旋涡区出现。尤其在弯道流中,流线曲率增大,越靠近弯道内侧,流速越小。并且近内壁处出现明显的回流,所形成的回流范围较大,将此与 ZL-2 型中圆角转弯流动对比,直角弯道旋涡大,回流更加明显。

(2) 观察文丘里流量计、孔板流量计、圆弧进口管嘴流量计以及壁面冲击、圆弧形弯道等串联流道纵剖面上的流动图谱。

ZL-2 型流动演示仪可显示文丘里流量计、孔板流量计、圆弧进口管嘴流量计以及壁面冲击、圆弧形弯道等串联流道纵剖面上的流动图谱。由图谱可见,文丘里流量计的过流顺畅,流线顺直,无边界层分离和旋涡产生。在孔板前,流线逐渐收缩,汇集于孔板的孔口处,只在拐角处有小旋涡出现,孔板后的水流逐渐扩散,并在主流区的周围形成面积较大的旋涡区。由此可知,孔板流量计的过流阻力较大。圆弧进口管嘴流量计入流顺畅,管嘴过流段上无边界层分离和旋涡产生;在圆形弯道段,边界层分离的现象及分离点明显可见,与直角弯道比较,流线较顺畅,旋涡发生区域面积较小(图 5-5 中 2 过流道)。

(3) 观察 30°弯头、直角圆弧弯头、直角弯头、45°弯头以及非自由射流等流段纵剖面上的流动图谱。

ZL-3 型流动演示仪可显示 30°弯头、直角圆弧弯头、直角弯头、45°弯头以及非自由射流等流段纵剖面上的流动图谱。由图谱可见,流体在经过每一个转弯后,都因边界层分离而产生旋涡。转弯角度不同,旋涡大小、形状各异。在圆弧转弯段,流线较顺畅,该串联管道上,还显示局部水头损失叠加影响的图谱。在非自由射流段,射流离开喷口后,不断卷吸周围的流体,形成射流的紊动扩散(图 5-5 中 3 过流道)。在此流段上还可看到射流的"附壁效应"(详细介绍见 ZL-7 型)。

(4)观察分流、合流、侧式进/出水口、竖井式进出/水口、闸阀及蝶阀等流段纵剖面上的流动图谱。

ZL-4 型流动演示仪可显示分流、合流、侧式进/出水口、竖井式进出/水口、闸阀及蝶阀等流段纵剖面上的流动图谱。由图谱可见,在分流、合流等过流段上,有不同形态的流态出现。合流涡旋较为典型,明显干扰主流,使主流流动受阻,这在工程上称为"水塞"现象。为避免"水塞",给排水技术要求合流时用 45°三通连接。闸阀半开,尾部旋涡区较大,水头损失也大。蝶阀全开时,过流顺畅,阻力小;半开时,尾涡紊动激烈,表明阻力大且易引起振动。蝶阀通常作检修用,故只允许全开或全关(图 5-5 中 4 过流道)。

侧式进/出水口和竖井式进/出水口是抽水蓄能电站上、下库进出水流的两种流动方式。抽水蓄能电站进/出水口具有双向水流的特点,对上库而言,发电时为进水口,抽水时为出水口。目前,国内外抽水蓄能电站的出水口多以侧式为主,竖井式水口的研究和应用也有一些。侧式进/出水口和竖井式进/出水口均对应了库区进流工况下最为复杂的流态,也是库区设计的关键。

侧式进/出水口常见工程由底板、顶板、扩散段、防涡梁等组成,工程上原型截面一般为方形。水流进流时,由于水流的附壁效应,主流一般在底板处,呈底流形态。在防涡梁区域,顶流较小,严重时甚至有回流旋涡。竖井式进/出水口一般针对上库,主要由竖井扩散段和顶盖组成,工程上原型截面一般为圆形。水流进流时,需要注意竖井扩散段的扩散角不能太大,否则容易产生水流与边壁脱离,引起顶盖四周出流不均匀。

(5)观察明渠逐渐扩散,单圆柱绕流、多圆柱绕流及直角弯道等流段的流动图谱、圆柱绕流、卡门涡街的产生。

ZL-5 型流动演示可显示明渠逐渐扩散,单圆柱绕流、多圆柱绕流及直角弯道等流段的流动图谱。圆柱绕流是该类型演示仪的特征流谱。由图谱可见,单圆柱绕流时的边界层分离状况,分离点位置,卡门涡街的产生与发展过程以及多圆柱绕流时的流体混合、扩散、组合旋涡等现象(图 5-5 中 5 过流道)。

(6)观察明渠渐扩,桥墩形钝体绕流,流线体绕流,直角弯道和正、反线体绕流等流段上的流动图谱。

ZL-6 型流动演示仪(图 5-5 中 6 过流道)可显示明渠渐扩,桥墩形钝体绕流,流线体绕流,直角弯道和正、反线体绕流等流段上的流动图谱。桥墩形柱体绕流体为圆头方尾的钝形体,水流脱离桥墩后,形成一个旋涡区——尾流区,在尾流区两侧产生旋向相反且不断交替的旋涡,即卡门涡街。与圆柱绕流不同的是,该涡街的频率具有较明显的随机性。

(7)观察射流附壁现象。

ZL-7 型流动演示仪(图 5-5 中 7 过流道)是一只"双稳放大射流阀"流动原理显示仪。

经喷嘴喷射出的射流(大信号)可附于任意侧面,若先附于左壁,射流经左通道后,由右出口输出;当旋转仪器表面控制圆盘,使左气道与圆盘气孔相通时(通大气),因射流获得左侧的控制流(小信号),射流便切换至右壁,流体从左口输出。这时若再转动控制圆盘,切断气流,射流方向不再改变。如要使射流再切换回来,只要再转动控制圆盘,使右气道与圆盘气孔相通即可。因此,该装置既是一个射流阀,又是一个双稳射流装置。只要给一个小信号(气流),便能输出一个大信号(射流),并能把脉冲小信号记录下来。

五、分析思考题

(1) ZL-6 型流动显示仪所测定流段的流动图谱有何作用?
(2) 如何解决绕流体的振动问题?
(3) 旋涡的大小和紊动强度与流速有何关系?
(4) 从型 1 或型 2 的弯道水流观察分析可知,急变流段测压管水头不按静水压强的规律分布,其原因何在?

实验十五 毕托管测速与修正因数标定实验

一、实验目的和要求

(1) 了解毕托管的构造和适用条件,掌握用毕托管测量点流速的方法。
(2) 测定管嘴淹没出流时点流速,学习标定毕托管流速修正因数的技能。
(3) 分析管嘴淹没射流的流速分布及流速系数的变化规律。

二、实验原理

毕托管是法国人亨利·毕托(Henri Pitot)于 1732 年发明,其结构形状如图 5-6 所示。

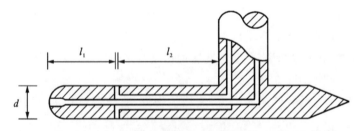

l_1. 毕托管入口到中间连通管长度;l_2. 毕托管中间连通管到出口长度;d. 毕托管直径。
图 5-6 毕托管结构图

毕托管具有结构简单,使用方便,测量精度高,稳定性好等优点,应用广泛。测量水流流速范围为 0.2~2m/s,气流流速为 1~60m/s。

毕托管测速原理如图 5-7 所示,它是一根两端开口呈 90°的弯针管,下端垂直指向上游,另一端竖直,并与大气相通。沿流线取相近两点 A、B,点 A 在未受毕托管干扰处,流体流速为 v,点 B 在毕托管管口驻点处,流体流速为零。流体质点自点 A 流到点 B,其动能转化为势能,使竖管液面升高,超出静压强为水柱高度 Δh。忽略 A、B 两点间的能量损失,列沿流线的伯努利方程为

$$0 + \frac{p_1}{\rho g} + \frac{v^2}{2g} = 0 + \frac{p_2}{\rho g} + 0 \tag{5-1}$$

及

$$\frac{p_2}{\rho g} - \frac{p_1}{\rho g} = \Delta h \tag{5-2}$$

由此得

$$v = \sqrt{2g\Delta h} \tag{5-3}$$

式中:p_1 为 A 点压强;p_2 为 B 点压强。

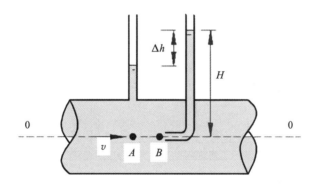

图 5-7 毕托管原理图

考虑到水头损失及毕托管在生产中的加工误差,由式(5-3)得出的流速须加以修正。毕托管测速公式为

$$v = c\sqrt{2g\Delta h} = k\sqrt{\Delta h} \tag{5-4}$$

即

$$k = c\sqrt{2g} \tag{5-5}$$

式中:v 为毕托管测点处的点流速;c 为毕托管的修正因数,简称毕托管因数;Δh 为毕托管全压水头与静压水头之差。

另外,对于管嘴淹没出流,管嘴作用水头、流速因数与流速之间又存在着如下关系

$$v = \varphi'\sqrt{2g\Delta H} \tag{5-6}$$

式中:v 为测点处的点流速;φ' 为测点处点流速因数;ΔH 为管嘴的作用水头。

联解式(5-4)、式(5-6)得

$$\varphi' = c\sqrt{\Delta h/\Delta H} \tag{5-7}$$

故本实验仪只要测出 Δh 与 ΔH,便可测得点流速因数 φ',与实际流速因数(经验值 $\varphi' = 0.995$)比较,便可得出测量精度。

若需要标定毕托管因数 c，则有

$$c = \varphi' \sqrt{\Delta H / \Delta h} \tag{5-8}$$

三、实验装置

1. 实验装置简图

实验装置及各部分名称如图 5-8 所示。

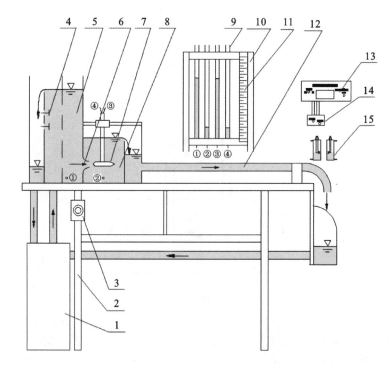

1.自循环供水器；2.实验台；3.水泵电源开关；4.水位调节阀；5.恒压水箱(测压点①)；6.管嘴；7.毕托管(测压点③、④)；8.尾水箱(测压点②)；9.测压管①～④；10.测压计；11.滑动测量尺；12.上回水管；13.智能化数显流速仪；14.传感器；15.稳压筒。

图 5-8 毕托管测速实验装置图

2. 装置说明

(1) 配有智能化毕托管数显流速仪。该流速仪系统包括稳压筒、高精密传感器和智能化数显流速仪(含数字面板表及 A/D 转换器)。该流速仪为流速瞬时测量仪，测量精度为一级。流速仪的使用方法参见伯努利方程实验，须先排气调零。

(2) 测压管与测点之间可以直接连接也可通过软管连接。本书图中所涉及的测压点与测压管(或传感器)之间的连通管一般都未绘出，而是将连通的各点用带"○"的相同编号表示。例如本装置图中表示水箱测压点①和②、毕托管测压点③和④分别用连通管与同编号的测压管①、②、③、④相连。

(3)恒压水箱 5 在实验时应始终保持溢流状态,其水箱水位始终保持恒定不变。调节工作水位时可打开水位调节阀 4,以改变不同的溢流恒定水位。溢流量太大时水面不易平稳。

(4)毕托管由导轨及卡板固定,可上下、前后改变位置。水流自高位水箱经管嘴 6 流向低位水箱,形成淹没射流,用毕托管测量淹没射流点流速。滑动测量尺 11 用以测量高、低水箱位置水头(测压管①、②),以及测量毕托管的全压水头和静压水头(测压管③、④),水位调节阀 4 用以改变测点的流速大小。

3. 基本操作方法

(1)安装毕托管:测量管嘴淹没射流核心处的点流速时,将毕托管动压孔口对准管嘴中心,距离管嘴出口处 0.02~0.03m;测量射流过流断面流速分布时,毕托管前端距离管嘴出口处宜为 0.03~0.05m。毕托管与来流方向夹角不得超过 10°,拧紧固定螺丝。

(2)开启水泵:关闭水位调节阀,将流量调节到最大。

(3)排气:待上、下游溢流后,用吸气球(洗耳球)放在测压管口部抽吸,排出毕托管及各连通管中的气体。用静水匣罩住毕托管,可检查测压计液面是否齐平,液面不齐平可能是空气没有排尽,必须重新排气。

(4)调节水位:利用水位调节阀 4 可调节高、中、低 3 个恒定水位。

四、实验内容与方法

1. 定性分析实验

管嘴淹没射流过流断面流速分布实验操作为:将毕托管放置在距管嘴口 0.03~0.05m 处,沿竖向移动毕托管,改变测点位置,断面流速稳定后,分别读取③、④测管水头值的差值 Δh。可以发现,射流边缘位置比射流中心位置的 Δh 小,表明射流中心流速大,边缘流速小。

2. 定量分析实验

(1)毕托管测点流速实验:已知毕托管的修正因数 c,按照基本操作方法,分别在高、中、低的水箱水位下,测量淹没射流中心点的流速。实验数据记录及结果分析参见第五部分"数据处理及成果要求"。

(2)毕托管的修正因数 c 标定实验:已知本实验装置管嘴淹没射流中心点的点流速因数经验值为(0.995±0.001),要求标定毕托管的修正因数 c。

五、数据处理及成果要求

1. 记录有关信息及实验常数

实验设备名称: __毕托管测速实验仪__   实验台号: _____
实　验　者: _____   实验日期: _____
毕托管修正因数 $c=$ __1.000__ , $k=$ __44.27__ $m^{0.5}/s$。

2. 实验数据记录及结果计算

实验数据及计算结果记入表 5-2。

表 5-2 毕托管测速实验记录计算表

实验序次	上、下游水位			毕托管测压计			测点流速 $v=k\sqrt{\Delta h}$	流速仪测值	测点流速因数
	h_1	h_2	ΔH	h_3	h_4	Δh			
	10^{-2} m	10^{-2} m	10^{-2} m	10^{-2} m	10^{-2} m	10^{-2} m	m/s	m/s	
1	36.00	14.70	21.30	36.00	14.90	21.10	203.35	203.8	0.995
2	31.50	14.60	16.90	31.50	14.80	16.70	180.91	181.3	0.994
3	27.00	14.55	12.45	27.00	14.70	12.30	155.26	155.9	0.994

注：$\varphi' = c\sqrt{\Delta h/\Delta H}$。

3. 成果要求

(1)测定管嘴出流点流速，如表 5-2 所示。

(2)测定管嘴出流点流速因数，由表 5-2 计算取平均值可得，$\varphi' = 0.994$。

(3)自行设计标定毕托管修正因数 c 的实验方案，并通过实验校验 c 值。具体计算方法为：根据实验原理，$c = \varphi'\sqrt{\Delta H/\Delta h}$，其中 φ' 已知，根据经验值 $\varphi' = 0.995$，通过测量水箱管嘴的作用水头 ΔH 和毕托管的 Δh，由上式确定 c。根据本实验的 3 次实验结果分别可得 c 值为 0.999 7、1.000 9、1.001 0，取均值 $c = 1.000 6$。

六、注意事项

(1)恒压水箱要求始终保持在溢流状态，确保水头恒定。

(2)测压管后设有平面镜，测记各测压管水头时，要求视线与测压管液面及镜子中影像液面齐平，读数精确到 0.5mm。

七、分析思考题

(1)实验所测得 φ' 值说明了什么？

(2)毕托管可测量的流速范围为 0.2~2m/s，轴向安装偏差要求不应大于 10°，试分析其原因。

(3)对电测毕托管有何创新见解？

实验十六　孔口出流与管嘴出流实验

一、实验目的和要求

(1)测量测孔口与管嘴出流的流速因数(φ)、流量因数(μ)、侧收缩因数(ε)、局部阻力因数(ζ)以及圆柱形管嘴内的局部真空度。

(2)分析圆柱形管嘴的进口形状(圆角和直角)对出流能力的影响以及孔口与管嘴过流能力不同的原因。

二、实验原理

在一定水头 H_0 作用下薄壁小孔口(或管嘴)自由出流时的流量,可用下式计算。

$$q_v = \varphi \varepsilon A \sqrt{2gH_0} = \mu A \sqrt{2gH_0} \tag{5-14}$$

式中:$H_0 = H + \dfrac{\alpha v_0^2}{2g}$,一般因行近流速水头 $\dfrac{\alpha v_0^2}{2g}$ 很小,可忽略不计,所以 $H_0 = H$,ε 为侧收缩因数,$\varepsilon = \dfrac{A_C}{A} = \dfrac{d_C^2}{d^2}$,$A_C$、$d_C$ 分别为收缩断面的面积、直径;φ 为流速因数,$\varphi = \dfrac{1}{\sqrt{1+\zeta}} = \dfrac{\mu}{\varepsilon}$;$\mu$ 为流量因数,$\mu = \varepsilon \varphi = \dfrac{q_v}{A\sqrt{2gH}}$;$\zeta$ 为局部阻力因数,$\zeta = \dfrac{1}{\varphi^2} - \alpha$,可近似取动能修正因数 $\alpha \approx 1.0$。ε、μ、φ、ζ 的经验值见第三部分"实验装置"中"2.装置说明"。

根据理论分析,直角进口圆柱形外管嘴收缩断面处的真空度为 $h_v = \dfrac{p_v}{\rho g} = 0.75H$。

实验时,只要测出孔口及管嘴的位置高程 z_1 和收缩断面直径 d_C,读出作用水头 H,测出流量,就可测定、验证上述各因数。

三、实验装置

1. 实验装置简图

实验装置及各部分名称如图 5-9 所示。

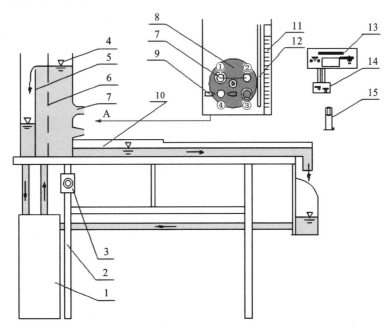

1.自循环供水器;2.实验台;3.供水器开关;4.恒压水箱;5.溢流板;6.稳水孔板;7.孔口管;8.管嘴切换薄膜;9.移动触头;10.上回水槽;11.标尺;12.测压管;13.智能化数显流量仪;14.传感器;15.内置式稳压筒。

图 5-9 孔口出流与管嘴出流实验装置图

2.装置说明

(1)在容器壁上开孔,流体经过孔口流出的流动现象称为孔口出流,当孔口直径 $d \leqslant 0.1H$(H 为孔口作用水头)时,称为薄壁圆形小孔口出流。在孔口周界上连接一长度约为孔口直径 3~4 倍的短管,这样的短管称为圆柱形外管嘴。流体流经该短管,并在出口断面形成满管流的流动现象叫管嘴出流。在图 5-9 中,①为圆角进口管嘴,②为直角进口管嘴,③为锥形管嘴,④为薄壁圆形小孔口,结构详图见图 5-10。在直角进口管嘴②距进口距离为 $d/2$ 的收缩断面上设有测压点,通过细软管与测压管 12 连通。

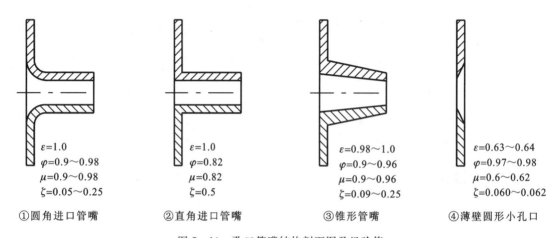

①圆角进口管嘴　②直角进口管嘴　③锥形管嘴　④薄壁圆形小孔口

图 5-10　孔口管嘴结构剖面图及经验值

(2)智能化数显流量仪。该装置配置最新发明的水头式瞬时智能化数显流量仪,测量精度为一级。采用循环检查方式,按表 5-3 分别测量 4 个管嘴与孔口的流量。

使用前先调零,将水泵关闭,确保传感器连通大气时,将波段开关打到调零位置,用仪表面板上的调零电位器调零;水泵开启后,流量将随水箱水位淹没管嘴的高度而变,切换波段开关至对应的测量管嘴或孔口,此时流量仪显示的数值即为对应的瞬时流量值。

3.基本操作方法

(1)管嘴切换:管嘴切换薄膜 8 用于转换操作,转动旋钮,将管嘴对准管嘴切换薄膜出水口即可测量,可防止水花四溅。

(2)孔口射流直径测量:移动触头 9 位于射流收缩断面上,可水平向伸缩,当两个触块分别调至射流两侧外缘时,将螺丝固定。用防溅旋板关闭孔口,再用游标卡尺测量两触块的间距,即为射流收缩直径。

(3)直角进口管嘴收缩断面真空度 h_v 测量:标尺 11 和测压管 12 可测量管嘴高程 z_1 及测压管水位 z,则 $h_v = z_1 - z$。

(4)智能化数显流量仪调零:在传感器连通大气的情况下,将波段开关打到调零位置,用仪表面板上的调零电位器调零。

(5)实验流量:切换波段开关至对应实验项目,记录智能化数显流量仪的流量值。

四、实验内容与方法

1. 定性分析实验

(1) 观察孔口及各管嘴出流水柱的流股形态。依次打开各孔口、管嘴,使水出流,观察各孔口及管嘴水流的流股形态。因各种孔口、管嘴的形状不同,过流阻力也不同,从而导致了各孔口管嘴出流的流股形态也不同(注意:4 个孔口与管嘴不要同时打开,以免水流外溢)。

(2) 观察孔口出流在 $d/H>0.1$ (大孔口)时与在 $d/H<0.1$ (小孔口)时侧收缩情况。开大流量,使上游水位升高,使得 $d/H<0.1$,测量相应状况下收缩断面直径 d_c;再关小流量,上游水头降低,使得 $d/H>0.1$,测量此时的收缩断面直径 d_c'。可发现当 $d/H>0.1$ 时,d_c' 增大,并接近于孔径 d。此时由实验测知,流量因数 μ 也随 d/H 增大而增大,流量因数 $\mu=0.64\sim0.9$。

2. 定量分析实验

根据基本操作方法,测量孔口与管嘴出流的流速因数、流量因数、侧收缩因数、局部阻力因数及直角管嘴的局部真空度,实验数据处理与分析参考第五部分数据处理及成果要求。

五、数据处理及成果要求

1. 记录有关信息及实验常数

实验设备名称:__孔口管嘴综合实验仪__　　　　实验台号:_____
实　验　者:_____　　　　　　　　　　实验日期:_____
孔口管嘴直径及高程:圆角管嘴 $d_1 =$ __1.20__ $\times 10^{-2}$ m,直角管嘴 $d_2 =$ __1.20__ $\times 10^{-2}$ m,出口高程 $z_1 = z_2 =$ __19.00__ $\times 10^{-2}$ m;锥形管嘴 $d_3 =$ __1.21__ $\times 10^{-2}$ m,孔口 $d_4 =$ __1.21__ $\times 10^{-2}$ m,出口高程 $z_3 = z_4 =$ __12.00__ $\times 10^{-2}$ m(基准面选在标尺的零点上)。

2. 实验数据记录及结果计算

实验数据及计算结果记入表 5-3。

表 5-3　孔口管嘴实验记录计算表

项目	单位	分类			
		圆角管嘴	直角管嘴	圆锥管嘴	孔口
水箱液位 z_0	10^{-2} m	42.70	42.80	42.60	42.90
流量 q_v	10^{-6} m^3/s	227.2	200.9	266.0	171.5
作用水头 H_0	10^{-2} m	23.70	23.80	30.60	30.90
面积 A	10^{-4} m^2	1.131	1.131	1.150	1.150
流量因数 μ		0.932	0.822	0.944	0.606
测压管液位 z	10^{-2} m	—	1.20	—	—

续表 5-3

项目	单位	分类			
		圆角管嘴	直角管嘴	圆锥管嘴	孔口
真空度 h_v	10^{-2} m	—	17.80	—	—
收缩直径 d_C	10^{-2} m	—	—	—	0.958
收缩断面 A_C	10^{-4} m²	—	—	—	0.721
侧收缩因数 ε		1.0	1.0	1.0	0.627
流速因数 φ		0.932	0.822	0.944	0.967
阻力因数 ζ		0.151	0.480	0.122	0.069
流股形态		光滑圆柱	圆柱形麻花状扭变	光滑圆柱	侧收缩的光滑圆柱

3. 成果要求

(1) 回答定性分析实验中的有关问题,提交实验结果。

(2) 测量计算孔口与各管嘴出流的流速因数、流量因数、侧收缩因数、局部阻力因数及直角进口管嘴的局部真空度,分别与经验值比较,并分析产生差别的原因。记录数据见表 5-3。

六、注意事项

(1) 实验次序应为先管嘴后孔口,每次塞橡皮塞前,先用旋板将进口盖好,以免水花溅开;关闭孔口时旋板的旋转方向为顺时针方向,否则水易溅出。

(2) 实验时将旋板置于不工作的管嘴上,避免旋板对工作孔口、管嘴的干扰。不工作的孔口、管嘴应用橡皮塞塞紧,防止渗水。

(3) 其他注意事项参考伯努利方程实验。

七、分析思考题

(1) 薄壁小孔口与大孔口有何异同?

(2) 为什么相同作用水头、直径相等的条件下,直角进口管嘴的流量因数 μ 比孔口的大、锥形管嘴的流量因数 μ 比直角进口管嘴的大?

第六章　流体水槽实际训练实验

实验十七　大型水槽实用堰实训

一、实验目的和要求

(1)通过观察实用堰的水流现象,了解下游水位变化对堰过流能力的影响。

(2)掌握测量堰流系数 m 的实验技能,了解它在工程实际中的应用情况,并测定实用堰的流量系数 m。

二、实验原理

堰流流量计算公式为

$$Q = mb\sqrt{2g}H_0^{3/2} \qquad (6-1)$$

式中:Q 为流量;m 为流量系数;b 为渠槽宽度;g 为重力加速度;H_0 为堰顶总水头。

三、实验方法与步骤

(1)将设备常数记于实验表格中。

(2)根据实验要求流量,调节变频开关,使之形成堰下自由出流,待水流经稳定后,观察宽顶堰自由出流的流动情况,定性绘出其水面线图。

(3)用测针测量堰的上、下游水位。

(4)测读电磁流量计的数值。

(5)改变变频器旋钮调节流量,测量不同流量条件下的实验参数 3～5 次。

四、实验成果及要求

1. 数值对比

计算对比堰流流量系数 m 的实测值与经验值。

2. 完成下列实验报表

(1)记录有关常数:渠槽宽度 $b=$ ___ cm,宽顶堰厚度 $\delta=$ ___ cm,堰上游水位 ∇_1 ___ cm,上游堰底高程 $s=$ ___ cm,堰顶高程 $\nabla_0=$ ___ cm,上游堰高 $P_1=$ ___ cm。

(2)计算流量系数(表 6-1)。

表 6-1 大型水槽实用堰实训流量系数测记表

序次	实测流量 Q	堰上游水位 ∇_1	行进流速 v_0	流速水头 $\dfrac{v_{02}}{2g}$	堰顶总水头 H_0	流量系数 m		堰下游水位 z
						实测值	经验值	
	cm³/s	cm	cm/s	cm	cm			cm
1								
2								

实验十八　大型水槽宽顶堰实训

一、实验目的和要求

(1)通过观察宽顶堰的水流现象,了解下游水位变化对堰过流能力的影响。
(2)掌握测量堰流流量系数的实验技能,并测定无侧收缩宽顶堰的流量系数 m。

二、实验原理

堰流流量公式参见式(6-1)。

三、实验方法与步骤

(1)将设备常数记于实验表格中。
(2)根据实验要求流量,调节变频开关,使之形成堰下自由出流,待水流稳定后,观察宽顶堰自由出流的流动情况,定性绘出其水面线图。
(3)用测针测量堰的上、下游水位。
(4)测读电磁流量计的数值。
(5)利用变频器旋钮调节流量,测量不同流量条件下的实验参数 3～5 次。

四、实验成果及要求

1. 数值对比

计算对比堰流流量系数 m 的实测值与经验值。

2. 完成下列实验报表

(1)记录有关常数:渠槽宽度 $b=$ ____ cm,宽顶堰厚度 $\delta=$ ____ cm,上游堰底高程 $\nabla_2=$ ____ cm,堰顶高程 $\nabla_0=$ ____ cm,上游堰高 $P_1=$ ____ cm。

(2)计算流量系数(表6-2)。

表6-2 大型水槽宽顶堰实训流量系数测记表

序次	实测流量 Q	堰上游水位 ∇_1	行进流速 v_0	流速水头 $\dfrac{v_{02}}{2g}$	堰顶总水头 H_0	流量系数 m 实测值	流量系数 m 经验值	堰下游水位 z
	cm³/s	cm	cm/s	cm	cm			cm
1								
2								
3								
4								

实验十九　水流流速分布实训

一、实验目的和要求

(1)观测明渠水流的流态特性。
(2)了解明渠水流竖向和横向水流的流速分布特点。
(3)掌握流速仪的使用方法。

二、实验原理

由于水流黏性作用,在明渠壁面出现速度梯度变化,形成边界层,通过测量不同位置流速,展现边界层的轮廓形态。

三、实验方法与步骤

(1)将设备常数记于实验表格中。
(2)根据实验要求流量,调节变频开关,使流体在水槽中流动,待水流稳定后,观察明渠水槽的流动情况。
(3)用测针测量水流的深度。
(4)测读电磁流量计的数值,计算平均流速。
(5)用旋桨流速仪测量不同定位的流速值并记录。
(6)利用变频器旋钮调节流量,测量不同流量条件下的实验参数3~5次。
(7)分别绘制竖向和横向的水流流速分布图。

四、实验数据表

根据实验结果,按照表6-3计算水流流速,实验中实测流量 $Q=$ ____ cm³/s。

表 6-3 水流流速实验数据表　　　　　　　　　　　　　　　单位:cm/s

流层编号	流速				
	0.1B	0.3B	0.5B	0.7B	0.9B
面流					
0.8h					
0.6h					
0.4h					
0.2h					
0.1h					
底流					

注:B 为明渠水槽长度;h 为水深或水体顶面到底面的高度。

实验二十　圆柱绕流实训

一、实验目的

(1)观测圆柱绕流水流的流态特性。

(2)了解明渠水流圆柱绕流的流速分布,并分析工程应用中应注意的问题。

二、实验原理

当水流绕过圆柱时,圆柱两侧会出现周期性脱落、旋转方向相反、排列规则的双列线涡,形成卡门涡街。

三、实验方法与步骤

(1)将设备常数记录于实验表格中(表 6-4)。

表 6-4　圆柱绕流实验记录表　　　　　　　　　　　　　　　单位:cm/s

流层编号	流速						
	0.1B	0.2B	0.3B	0.4B	0.5B	0.6B	0.7B
面流							
0.8h							
0.6h							
0.4h							
0.2h							
0.1h							
底流							

(2)根据实验要求流量,调节变频开关,使水流在水槽中流动,待水流速度稳定后,观测明渠水流的流动情况。

(3)用测针测量水流的深度。

(4)测读电磁流量计的数值,计算平均流速。

(5)用旋桨流速仪测量圆柱周围不同定位的水流流速值并记录。

(6)转动变频器旋钮调节流量,测量不同流量条件下的实验参数 3~5 次。

实验二十一 挑流消能实训

一、实验目的和要求

(1)掌握挑流消能模型实验的操作技能。

(2)了解挑流消能过程与效果。

(3)通过实验检验挑流消能设计方法的可靠性。

二、实验原理

将实际工程中的设计流量、渠宽、下游水深、坎高、挑角等设计要素,根据对应比例尺换算到水槽模型中,制作水槽挑流模型并安装。

挑流水力设计复核计算公式为

$$L_0 = \frac{v^2 \sin\theta \cos\theta}{g} \left[1 + \sqrt{+ \frac{2g(a + h_1/\cos\theta)}{v^2 \sin\theta}} \right] \quad (6-2)$$

$$v = 1.1 v_1 \quad (6-3)$$

$$v_1 = \frac{q}{h_1} \quad (6-4)$$

$$s - h_1/\cos\theta = \frac{v_1^2}{\varphi^2 2g} \quad s = \nabla_1 - \nabla_7 \quad (6-5)$$

$$\varphi = \sqrt[3]{1 - \frac{0.055}{K^{0.5}}} \text{(当 } K > 0.15 \text{ 时,可取 } \varphi = 0.95\text{)} \quad (6-6)$$

$$K = \frac{q}{\sqrt{g} z^{1.5}} \quad (6-7)$$

式中:L_0 为挑距;v 为流速;θ 为挑流角度;h_1 堰顶高顶;a 为渠宽;q 为设计流量;φ 为流速因数;z 为下游水位;v_0 为坎顶过水断面平均流速;∇_1 为堰上游水位;∇_7 为消能堰口水体高程;K 为消能比;s 为上游堰底高程。

三、实验方法与步骤

(1)安装挑流消能模型。

(2)根据实验设计的流量,调节变频开关,使水流在水槽中流动,待水流速度稳定后,观测明渠水流的流动情况。

(3)用测针测量各位置要素水流的深度。
(4)测读电磁流量计的数值。
(5)转动变频器旋钮调节流量,测量校核流量下的实验参数。
(6)测量有关常数数据,并记录于实验表格中。

四、实验数据表

根据实验结果,将挑流实验数据记录于表6-5中,并计算相关参数。

表6-5 挑流实验数据记录表

参数	设计流量 q	渠宽 a	堰顶高程 h_2	堰上游水位 ∇_1	上游堰底高程 s	下游水位 z	挑距 L_0
	cm³/s	cm	cm	cm	cm	cm	cm
数据							

实验二十二 消能池实训

一、实验目的

(1)掌握消能池模型实验的操作技能。
(2)通过实验检验消能池设计方法的可靠性。

二、实验原理

将实际工程中的设计流量、渠宽、下游水深、池长、池深等设计要素,根据对应比例尺换算到水槽模型中,制作水槽模型并安装。

消能池水力设计复核计算公式为

$$T_0 = T'_0 + s = h'_\infty + \frac{q^2}{2g\varphi^2 h_\infty^2} \tag{6-8}$$

$$h'_t = \sigma \frac{h'_\infty}{2}\left(\sqrt{1 + \frac{8q^2}{gh_c^3}} - 1\right) \tag{6-9}$$

$$\Delta z = \frac{q^2}{2g\varphi^2 h_t^2} - \frac{q^2}{2gh_t^2} \tag{6-10}$$

$$s = h'_t - h_t - \Delta z \tag{6-11}$$

池长计算公式为

$$L_B = (0.7 \sim 0.8)L_j \tag{6-12}$$

$$L_j = 6.1h'' \tag{6-13}$$

式中:T_0 为堰底高程;h_∞ 为上游水位;q 为坝高设计流量;φ 为流速因数;h_c 为下游水深;h_t 为下游水位;h'_t 为池水位;T'_0 为水面到堰底距离;s 为实验池深;h'_∞ 为堰后水体高程;h'_t 为消能

池临界水跃共轭水深;Δz 为消能池后方水位下降高度;σ 为水跃淹没系数;L_B 为实验池长;L_j 为设计池长;h'' 为设计水深。

三、实验方法与步骤

(1)安装消能池模型。
(2)根据实验设计的流量,调节变频器开关,使水流在水槽中流动,待水流速度稳定后,观测明渠水流的流动情况。
(3)用水位测针测量各位置要素水流的深度。
(4)测读电磁流量计的数值。
(5)转动变频器旋钮调节流量,测量校核流量下的实验参数。
(6)测量有关常数数据,并记录于实验表格中。

四、实验数据表

根据实验结果,将消能池实验数据记录于表 6-6 中,并计算相关参数。

表 6-6 消能池实验数据记录表

参数	池深设计流量 q	池长设计流量 q_1	渠宽 b	堰顶高程 T_0	上游水位 h_∞	上游堰底高程 T_0'	下游水深 h_c
	cm³/s	cm³/s	cm	cm	cm	cm	cm
数据							
参数	下游堰底高程 h_∞'	下游水位 h_t	池底高程 ∇_4	实验池深 s	实验池长 L_B	流速因数 φ	水跃淹没系数 σ
	cm	cm	cm	cm	cm		
数据							

实验二十三 消能坎实训

一、实验目的和要求

(1)掌握消能坎模型实验的操作技能。
(2)通过实验检验消能坎设计方法的可靠性。

二、实验原理

将实际工程中的设计流量、渠宽、下游水深、池长、坎高等设计要素,根据对应比例尺换算到水槽模型中,制作水槽模型并安装。

消能坎水力设计复核计算公式为

$$T_o = h_w + \frac{q^2}{2g\varphi^2 h_w^2} \qquad (6-14)$$

$$h''_w = \frac{h'_w}{2}\left(\sqrt{1 + 8\frac{q^2}{gh^3}} - 1\right) \qquad (6-15)$$

$$H_{10} = (q/\sigma_s m_s \sqrt{2g})^{2/3} \qquad (6-16)$$

$$H_1 = H_{10} - \frac{1}{2g}(q/\sigma h''_w)^2 \qquad (6-17)$$

$$C = \sigma h''_w - H_1 \qquad (6-18)$$

式中：T_o 为堰顶高程；h_w 为上游水位；q 为坎高设计流量；φ 为流速因数；h 为下游水深；h'_w 下游水位；h''_w 为池水位；g 为重力加速度；σ_s 为消能坎水跃淹没系数；m_s 为流量系数；H_{10} 坎高；H_1 坎前水深；C 为淹没度；m_s 为单位体积质量。

池长 L_B 计算公式为

$$L_B = (4.27 \sim 4.88) h''_w \qquad (6-19)$$

三、实验方法与步骤

（1）安装消能坎模型。
（2）根据实验设计的流量，调节变频开关，使水流在水槽中流动，待水流速度稳定后，观测明渠水流的流动情况。
（3）用水位测针测量各位置要素水流的深度。
（4）测读电磁流量计的数值。
（5）转动变频器旋钮调节流量，测量校核流量下的实验参数。
（6）测量有关常数数据，并记录于实验表格中。

四、实验数据表

根据实验结果，将消能坎实验数据记录于表 6-7 中，并计算相关参数。

表 6-7 消能坎实验数据记录表

参数	坎高设计流量 q	池长设计流量 q_1	渠宽 b	堰顶高程 T_o	上游水位 h_w	上游堰底高程 ∇_2	下游水深 h
	cm³/s	cm³/s	cm	cm	cm	cm	cm
数据							
参数	下游水位 h'_w	坎高 H_{10}	池长 L_B	流速因数 φ	池水位 ∇_3	坎前水深 H_1	淹没度 C
	cm	cm	cm		cm	cm	cm
数据							

实验二十四　糙率测试实验实训

一、实验目的和要求

(1) 测试水槽中玻璃的糙率。
(2) 测试某工程实际草皮的糙率。

二、实验原理

壁面切应力计算公式为

$$\tau = \rho g R \frac{h_1 - h_2}{L} \tag{6-20}$$

式中：τ 为壁面切应力；R 为水力半径；h_1、h_2 为不同位置水位高度；ρ 为水的密度；L 为水槽实验段长度。

糙率计算公式为

$$n = \sqrt{\frac{\tau}{\rho g}} R^{\frac{1}{6}} v^{-1} \tag{6-21}$$

三、实验方法与步骤

(1) 将设备常数记于实验表格中(表 6-8)。
(2) 根据材料数量设定一段长度的实验段，铺设相应的实验材料(如人工草皮)。
(3) 根据实验要求流量，调节变频开关，使水流在水槽中流动，待水流速度稳定后，观测明渠水流的流动情况。
(4) 测读电磁流量计的数值，计算平均流速。
(5) 测量实验段水位的高差。
(6) 转动变频器旋钮调节流量，测量 2~3 次不同流量下的实验参数。
(7) 根据实验结果计算糙率。

四、实验数据记录

根据实验结果，将不同糙率测试实验结果记录于表 6-8 中，并计算相关参数。

表 6-8　糙率测试实验记录表

序次	流量 q cm³/s	平均流速 v cm/s	湿周 R cm	水位 h_1 cm	水位 h_2 cm
1					
2					
3					

实验二十五　鱼道观测实验实训

一、实验目的和要求

(1)了解鱼道的水流特点。
(2)观测鱼道的工作形态。

二、实验方法与步骤

(1)将设备常数记录于实验表格中(表6-9)。
(2)根据某工程特点,在水槽中设置鱼道。
(3)根据实验要求流量,调节变频开关,使水流在水槽鱼道中流动,待水流速度稳定后,放入实验的鱼。
(4)测读电磁流量计的数值,计算平均流速。
(5)测量实验段水位的高差。
(6)根据实验鱼的流动效果,调节流量以改变流速,观察效果。
(7)改变并重新设置鱼道的参数,重复实验,观察效果。

表6-9　鱼道观测实验记录表

序次	流量 q cm^3/s	水位 h_2 cm	平均流速 v cm/s
1			
2			
3			
4			

实验二十六　河道冲刷实验实训

一、实验目的和要求

(1)观测典型河道的冲刷情况。
(2)观测泥沙推移质的起动状态。
(3)推算模型和原型的冲刷粒径关系。

二、实验原理

本实验所应满足的模型比尺关系如下。
(1)水流挟沙相似条件为

$$\lambda_s = \lambda_{s^*} \quad (6-22)$$

(2)泥沙悬移相似条件为

$$\lambda_\omega = \lambda_v \frac{\lambda_H}{\lambda_{a_\omega}\lambda_L} \quad (6-23)$$

(3)泥沙起动及扬动相似条件为

$$\lambda_v = \lambda_{v_c} = \lambda_{v_f} \quad (6-24)$$

(4)河床冲淤变形相似条件为

$$\lambda_{t_2} = \frac{\lambda_{\gamma_0}\lambda_L}{\lambda_s\lambda_v} \quad (6-25)$$

式中：λ_L、λ_H 分别为水平及垂直比尺；λ_v 为流速比尺；λ_{s^*}、λ_s 分别为含沙量比尺和水流挟沙力比尺；λ_ω 为泥沙沉速比尺；λ_{v_c}、λ_{v_f} 分别为泥沙起动流速比尺及扬动流速比尺；λ_{t_2} 为河床变形时间比尺；λ_{γ_0} 为淤积物干容重比尺。

三、实验方法与步骤

(1)在露天实验场河道中铺设根据原型换算的模型沙,或铺设特定的模型沙(可推演到原型的状态)。
(2)在河道下游将尾门关到最小。
(3)开启水泵,缓慢地将流量调大,使水位缓慢升高,直至达到对应水位的对应流量。
(4)调节尾门,使河道中水深达到相应的深度要求。
(5)观测河道中不同区域的泥沙起动和下沉情况。
(6)测量典型断面、典型区域水流的流速值。
(7)记录数据,缓慢调小流量后关闭水泵。

实验二十七　弯道河流流态观测实训

一、实验目的和要求

(1)观测典型弯道段的水流流态情况。
(2)观测典型弯道段的断面流速分布。
(3)根据实验结果,分析弯道河流段河水流态,了解该过程在实际工作中的意义以及在河道整治、水工建筑物分布等工程实际中应注意的事项。

二、实验原理

本实验应满足的水流流速的模型比尺关系见式(6-24),即

$$\lambda_v = \lambda_{v_c} = \lambda_{v_f}$$

三、实验方法与步骤

(1)在露天实验场河道中选定测量流速的典型断面。
(2)在河道下游将尾门关到最小。
(3)开启水泵,缓慢地将流量调大,使水位缓慢升高,直至达到对应水位的对应流量。
(4)调节尾门,使得河道中水深达到相应的深度要求。
(5)用旋桨流速仪测量典型断面各点的流速。
(6)记录数据,缓慢调小流量后关闭水泵。
(7)整理图、表数据,分析流速特征,并与典型工程实际进行对比分析。

实验二十八　桥墩冲刷实验实训

一、实验目的要求

(1)观测水流过不同体型桥墩时的水流流态情况。
(2)观测桥墩的冲刷情况。
(3)测量桥墩的冲刷坑形态及深度,并结合工程实例分析。

二、实验原理

(1)当水流绕过桥墩时,桥墩两侧出现周期性脱落、旋转方向相反、排列规则的双列线涡形成绕桥墩的卡门涡街。
(2)本实验应满足的水流流速的模型比尺关系见式(6-24),即

$$\lambda_v = \lambda_{v_c} = \lambda_{v_f}$$

三、实验方法与步骤

(1)在露天实验场河道中设置典型桥墩。
(2)在桥墩周围铺设模型沙。
(3)在河道下游将尾门关到最小。
(4)开启水泵,缓慢地将流量调大,使水位缓慢升高,直至达到对应水位的对应流量。
(5)调节尾门,使河道中水深达到相应的深度要求。
(6)用旋桨流速仪测量桥墩周围水流的流速,观测流态特征。
(7)缓慢调小流量后关闭水泵。
(8)观测冲刷坑形态,并进行测量记录参数数据。
(9)结合工程实例进行分析。

实验二十九　组合桥墩实验实训

一、实验目的和要求

(1)观测水流过不同体型桥墩时在组合情况下的水流流态情况。
(2)观测组合桥墩的冲刷情况。
(3)测量组合桥墩的冲刷坑形态及深度,并结合工程实例分析多桥墩的布置。

二、实验原理

(1)本实验原理与实验二十八相同。

三、实验方法与步骤

(1)在露天实验场河道中设置典型组合桥墩。
(2)在组合桥墩周围铺设模型沙。
(3)在河道下游将尾门关到最小。
(4)开启水泵,缓慢地将流量调大,使水位缓慢升高,直至达到对应水位的对应流量。
(5)调节尾门,使河道中水深达到相应的深度要求。
(6)用旋桨流速仪测量桥墩周围水流的流速,观测流态特征。
(7)缓慢调小流量后关闭水泵。
(8)观测冲刷坑形态,并进行测量记录。
(9)改变典型组合桥墩的形状和组合方式,进行多次实验。
(10)结合工程实例进行分析。

实验三十　丁坝实验实训

一、实验目的和要求

(1)观测丁坝周围的水流流态情况。
(2)观测丁坝的冲刷情况。
(3)观测丁坝周围的冲刷效果。
(4)分析丁坝对水利工程建筑物的保护效果。

二、实验原理

本实验应满足水流流速的模型比尺关系见式(6-24),即

$$\lambda_v = \lambda_{v_c} = \lambda_{v_f}$$

三、实验方法与步骤

(1) 在露天实验场河道中设置典型丁坝。
(2) 在丁坝周围铺设模型沙。
(3) 在河道下游将尾门关到最小。
(4) 开启水泵,缓慢地将流量调大,使水位缓慢升高,直至达到对应水位的对应流量。
(5) 调节尾门,使河道中水深达到相应的深度要求。
(6) 用旋桨流速仪测量丁坝周围水流的流速,观测流态特征。
(7) 缓慢调小流量后关闭水泵。
(8) 观测丁坝周围冲刷情况,并进行测量记录。
(9) 改变丁坝的长度和高度参数,或者组合方式,进行多次实验。
(10) 结合工程实例进行分析。

实验三十一　泥沙起动实验实训

一、实验目的和要求

(1) 观测典型泥沙起动形态。
(2) 测量泥沙推移质的起动流速。

二、实验原理

本实验所应满足的模型比尺关系如下。
(1) 水流挟沙相似条件见式(6-22),即

$$\lambda_s = \lambda_{s*}$$

(2) 泥沙悬移相似条件见式(6-23),即

$$\lambda_\omega = \lambda_v \frac{\lambda_H}{\lambda_{a_w} \lambda_L}$$

(3) 泥沙起动及扬动相似条件见式(6-24),即

$$\lambda_v = \lambda_{v_c} = \lambda_{v_f}$$

三、实验方法与步骤

(1) 在露天实验场河道中铺设模型沙。
(2) 在河道下游将尾门关到最小。
(3) 开启水泵,缓慢地将流量调大,使水位缓慢升高,直至达到对应水位的对应流量。
(4) 调节尾门,使河道中水深达到相应的深度要求。
(5) 增大流量、增大流速,或者降低尾门、增大流速。
(6) 观测到泥沙开始起动时,保持流量和水位,观测泥沙的起动方式和形态。
(7) 测量启动流速。

(8)缓慢调小流量后关闭水泵。

实验三十二　施工导截流实验实训

一、实验目的和要求

(1)观测施工导截流水流流态情况。
(2)模拟导截流过程。
(3)测量导截流过程的流速变化。

二、实验原理

本实验应满足水流流速的模型比尺关系见式(6-24),即

$$\lambda_v = \lambda_{v_c} = \lambda_{v_f}$$

三、实验方法与步骤

(1)在露天实验场河道中选择导截流位置。
(2)准备模拟导截流的小石子,设置导流墙。
(3)在河道下游将尾门关到最小。
(4)开启水泵,缓慢地将流量调大,使水位缓慢升高,直至达到对应水位的对应流量。
(5)调节尾门,使河道中水深达到相应的深度要求。
(6)模拟截流过程。
(7)用旋桨流速仪测量导截流断面最大流速,观测流态特征,测量水位。
(8)记录并分析数据。记录流量和水位变化过程,记录截流过程中的冲刷情况。
(9)结合工程实例进行分析。

实验三十三　凹岸水流实验实训

一、实验目的和要求

(1)观测凹岸的水流流态情况。
(2)观测凹岸的冲刷或淤积情况。
(3)观测凹岸周围的水流流速分布。
(4)对比分析填充前后的流态和冲刷变化。

二、实验原理

本实验应满足水流流速的模型比尺关系见式(6-24),即

$$\lambda_v = \lambda_{v_c} = \lambda_{v_f}$$

三、实验方法与步骤

(1)在露天实验场河道中选择典型的凹岸区域。
(2)在凹岸区域及上下游铺设模型沙。
(3)在河道下游将尾门关到最小。
(4)开启水泵,缓慢地将流量调大,使水位缓慢升高,直至达到对应水位的对应流量。
(5)调节尾门,使河道中水深达到相应的深度要求。
(6)用旋桨流速仪测量凹岸区域周围水流的流速,观测流态特征。
(7)缓慢调小流量后关闭水泵。
(8)观测凹岸区域周围冲刷情况,并进行测量记录。
(9)用粗石子将凹岸区域填充为直线,再次实验。
(10)对比分析填充前后的流态和冲刷变化。
(11)结合工程实例进行分析。

实验三十四　凸岸水流实验实训

一、实验目的和要求

(1)观测凸岸的水流流态情况。
(2)观测凸岸的冲刷或淤积情况。
(3)测量凸岸周围的流速分布。
(4)对比分析凸岸切分前后的流态和冲刷变化。

二、实验原理

本实验应满足水流流速的模型比尺关系见式(6-24),即

$$\lambda_v = \lambda_{v_c} = \lambda_{v_f}$$

三、实验方法与步骤

(1)在露天实验场河道中选择典型的凸岸区域。
(2)在凸岸区域及上下游铺设模型沙。
(3)在河道下游将尾门关到最小。
(4)开启水泵,缓慢地将流量调大,使水位缓慢升高,直至达到对应水位的对应流量。
(5)调节尾门,使河道中水深达到相应的深度要求。
(6)用旋桨流速仪测量凸岸区域周围的流速,观测流态特征。
(7)缓慢调小流量后关闭水泵。
(8)观测凸岸区域周围冲刷情况,并进行测量记录。
(9)把凸岸区域切分成直线,再次实验。

(10)对比分析切分前后的流态和冲刷变化。
(11)结合工程实例进行分析。

实验三十五　水槽中静水污染物扩散实验实训

一、实验目的和要求

(1)了解污染物水体的静态扩散过程。
(2)掌握常见的污染物测量方法。

二、实验原理

实验主要以物质守恒原理为基础,模拟污染物排入水体后,水体水质在物理、化学和生物化学等过程中的变化。

三、实验方法与步骤

(1)在水槽中设置3道隔板,中间隔板可以抽离。
(2)在两个水箱槽中加注清水,高度保持一致。
(3)在一侧水箱槽中加注污染物,并搅匀。如果污染物为无色,可以考虑加注不影响污染物特性的带颜色物质,以便于观测。
(4)抽取中间的隔板。
(5)观测污染物随时间的扩散过程。
(6)在不同时间段,用对应的测试仪器测量典型测点污染物的浓度变化。
(7)记录实验数据并分析整理。
(8)按要求正确处置实验后的污染物水体。

实验三十六　水流中污染物扩散实验实训

一、实验目的和要求

(1)了解流动水体的污染物扩散过程。
(2)掌握常见的污染物测量方法。

二、实验原理

实验主要以物质守恒原理为基础,模拟污染物排入水体后,水体水质在物理、化学和生物化学等过程中的变化。

三、实验方法与步骤

(1)在水槽中设定常见的流场边界。
(2)开启水泵,调节变频开关,使水槽中水流流动。
(3)在流动水体中加注带颜色的污染流体。
(4)观察流态,测量不同位置的污染物浓度分布。
(5)改变水槽中水体的流速,进行观察、测量并进行对比实验。
(6)转动变频器旋钮调节流量,测量校核流量下的实验参数。
(7)测量有关常数数据,并记录于实验表格中(表6-10)。
(8)记录实验数据并分析整理。
(9)按要求正确处置实验后的污染物水体。

表6-9 污染物扩散实验记录表

序号	流量 q cm^3/s	水位 z cm	平均速度 v cm^3/s	污染物	状态
1					
2					
3					

实验三十七 河道中污染物传播实验实训

一、实验目的和要求

(1)了解流动河道中的污染物扩散过程。
(2)了解污染物随不同地形的扩散情况。

二、实验原理

实验主要以物质守恒原理为基础,模拟污染物质排入水体以后,水体水质在物理、化学和生物化学等过程中的变化。

三、实验方法与步骤

(1)在露天实验场河道中典型位置设置污染物投放点。
(2)开启水泵,缓慢地将流量调大,使水位缓慢升高,直至达到相应的水深和流量。
(1)在典型位置中加注带颜色的污染流体。
(2)观察流态,测量不同位置的浓度分布。

(3)改变污染物投放点的位置,进行观察、测量并进行对比实验。

(4)转动变频旋钮,改变流量从而改变流道中水流的流速和水深。

(5)再在污染物投放后,观察、测量并进行对比实验。

(6)记录实验数据并分析整理。

(7)按要求正确处置实验后的污染物水体。

主要参考文献

[1] 李玉柱,苑明顺. 流体力学[M]. 北京:高等教育出版社,2008.
[2] 杜扬. 流体力学[M]. 北京:中国石化出版社,2008.
[3] 陈义良,朱旻明. 物理流体力学[M]. 合肥:中国科学技术大学出版社,2007.
[4] 刘树红,吴玉林. 水力机械流体力学基础[M]. 北京:中国水利水电出版社,2007.
[5] 禹华谦. 工程流体力学(水力学)[M]. 2版. 成都:西南交通大学出版社,2007.
[6] 蔡增基. 流体力学学习辅导与习题精解[M]. 北京:中国建筑工业出版社,2007.
[7] 毛根海. 应用流体力学[M]. 北京:高等教育出版社,2006.
[8] 王飞. 理论力学(Ⅰ)同步辅导及习题全解[M]. 徐州:中国矿业大学出版社,2006.
[9] 施永生,徐向荣. 流体力学[M]. 北京:科学出版社,2005.
[10] 吴望一. 流体力学[M]. 北京:北京大学出版社,2004.
[11] 程军,赵毅山. 流体力学学习方法及解题指导[M]. 上海:同济大学出版社,2004.
[12] 陈玉璞,王惠民. 流体动力学[M]. 2版. 北京:清华大学出版社,2013.
[13] 李玉桂,贺玉洲. 工程流体力学[M]. 北京:清华大学出版社,2006.
[14] 刘鹤年. 流体力学[M]. 北京:中国建筑工业出版社,2004.
[15] 丁祖荣. 流体力学[M]. 北京:高等教育出版社,2003.
[16] 张兆顺,崔桂香. 流体力学[M]. 北京:清华大学出版社,1999.
[17] 林建忠. 流体力学[M]. 北京:清华大学出版社,2005.
[18] 龙天渝,童思陈. 流体力学[M]. 2版. 重庆:重庆大学电子音像出版社,2018.
[19] 毛海根. 应用流体力学实验[M]. 北京:高等教育出版社,2008.

参考答案

第二章

实验一：

(1) 绝对压强与相对压强、相对压强与真空度之间有什么关系？测压管能测量何种压强？

答：绝对压强是以绝对零压为起点计算的压强或以完全真空状态下的压强为基准进行计算的压强，常用 p_{abs} 表示。

相对压强或称为表压强，简称表压，指以当时当地大气压 p_a 为基准计算的压强，常用 p 表示。当所测量的系统压强等于当时当地大气压时，压强表的指针指零，即表压为零。

绝对压强恒大于等于零，而相对压强值可正可负可为零，两者的关系为 $p = p_{abs} - p_a$。

当所测量的系统的绝对压强小于当时当地的大气压时，当时当地的大气压与系统绝对压强之差，称为真空度，常用 p_v 表示。此时所用的测压仪表称为真空表。真空度可用水柱高度来表示，即 $p_v = -p = \rho g h_v$（式中 h_v 为真空高度，ρ 为液体密度）。

$$p = p_{abs} - p_a = -p_v \tag{2'-1}$$

由此可知：当系统压强 p 大于大气压强时，绝对压强＝大气压强＋相对压强；当系统压强 p 小于大气压强时，绝对压强＝大气压强－真空度。

测压管能测量相对压强。

(2) 若测压管太细，会对测压管液面读数造成什么影响？

答：设被测液体为水，测压管太细，测压管液面因毛细现象而升高，造成测量误差。毛细高度由下式计算

$$h = \frac{4\sigma\cos\theta}{d\rho g} \tag{2'-2}$$

式中：σ 为表面张力系数；ρ 为液体的密度；d 为测压管的内径 (mm)；h 为毛细升高值 (mm)；g 为重力加速度。常温 ($t = 20℃$) 的水，$\sigma = 0.0728$ N/m，$\rho g = 9.8$ kN/m³。水与玻璃的浸润角 θ 很小，可认为 $\cos\theta = 1.0$。于是有

$$h = \frac{29.7}{d} \tag{2'-3}$$

一般来说，当玻璃测压管的内径大于 10mm 时，毛细作用的影响可忽略不计。另外，当水质不洁时，σ 减小，毛细高度亦较净水小；当采用有机玻璃作测压管时，浸润角 θ 较大，h 较普通玻璃测压管小。

(3)本实验所用测压管内径为 0.008m,圆筒内径为 0.20m,仪器在加气增压后,水箱液面下降高度为 δ,而测压管液面升高高度为 H。进行实验时,若近似以 $p_0=0$ 时的水箱液面读值作为加压后的水箱液位值,那么测量误差 δ/H 为多少?

答:加压后,水箱液面较基准面下降高度为 δ,而同时测压管 1、2 的液面与基准面相比,升高高度为 H,根据水量平衡原理则有

$$2 \times \frac{\pi}{4}d^2 H = \frac{\pi D^2}{4}\delta \tag{2'-4}$$

则

$$\frac{\delta}{H} = 2\left(\frac{d}{D}\right)^2 \tag{2'-5}$$

本实验所用仪器参数为 $d=0.008$m,$D=0.20$m,故 $\frac{\delta}{H}=0.0032$。

于是相对误差 ε 为

$$\varepsilon = \frac{H+\delta-H}{H+\delta} = \frac{\delta}{H+\delta} = \frac{\delta/H}{1+\delta/H} = \frac{0.0032}{1+0.0032} = 0.0032 \tag{2'-6}$$

因此,可忽略不计。

对单根测压管的容器若 $D/d \leqslant 10$ 或对两根测压管的容器 $D/d \leqslant 7$ 时,便可使 $\varepsilon \leqslant 0.01$。

实验三:

(1)试问作用在液面下平面图形上绝对压强的中心和相对压强的中心哪个位置更深?为什么?

答:作用在液面下平面图形上相对压强的中心比绝对压强的中心更深。

因为绝对压强比相对压强增加一个均匀分布的大气压,使平面上压强分布更均匀,而平面上压强分布越均匀,压力中心就越靠近平面的形心。形心处是压力中心可能达到的最浅深度。

(2)分析产生测量误差的原因,指出在实验仪器的设计、制作和使用中哪些因素是最关键的。

答:影响仪器测量误差最关键的因素是支点的位置。首先,因为扇形体的圆柱形曲面上各点处的静水压力均通过其圆心,故支点必须在圆心上;否则,圆柱形曲面上的静水总压力就会对杠杆受力发生作用,产生测量误差。其次,杠杆的力臂误差,电子秤的误差,水位测量误差以及杠杆水平度的误差都会对最终结果的精度产生影响。由于本仪器制作精良,灵敏度高(荷载灵敏度为 0.2g),故该仪器系统精度可高达 1% 左右。

实验四:

(1)不同流量下渗流系数 k 是否相同,为什么?

答:不同流量下渗流系数 k 相同。渗透系数的大小取决于很多因素,主要取决于砂土的颗粒形状、大小,不均匀系数及水温等,一旦这些因素确定,则 k 也确定,因此 k 的大小与流量无关。

(2)装砂圆筒垂直放置或倾斜放置,对实验测得的 q_v、v、J 与渗透系数 k 有何影响?

答:装砂圆筒垂直放置或倾斜放置时,对实验测得的 q_v、v、J 有影响。这是因为在整个系统达到渗流以后,装砂圆筒垂直放置或倾斜放置相当于改变了砂筒溢流水面的高度,也就是改变了供水箱水头和砂筒溢流水面水头的高度差 ΔH。这样的话渗流流速 v 就会改变,渗流量 q_v 和水力坡度 J 也会相应改变。但是装砂圆筒垂直放置、倾斜放置或水平放置对渗透系数 k 却是没有影响的,这是因为渗透系数 k 是砂土的内在属性,不会受外界因素的影响。

第三章

实验六:

(1)测压管水头线和总水头线的变化趋势有何不同?为什么?

答:测压管水头线(p_1-p_2)沿程可升可降,线坡 J_P 可正可负。而总水头线(E_1-E_2)沿程只降不升,线坡 $J>0$,如图 $3'-1$ 所示。这是因为水在流动过程中,依据一定边界条件,动能和势能可相互转换。如图 3-6 所示,测点⑤至测点⑦,管径逐渐变小,部分势能转换成动能,测压管水头线降低,$J_p>0$。测点⑦至测点⑨,管径逐渐增大,部分动能又转换成势能,测压管水头线升高,$J_p<0$。而根据能量方程 $E_1=E_2+h_{w1-2}$,h_{w1-2} 为损失能量,是不可逆的,即恒有 $h_{w1-2}>0$,故 E_2 恒小于 E_1,(E_1-E_2)线不可能回升。(E_1-E_2)线下降的坡度越大,即 J_P 越大,表明单位流程上的水头损失越大,图上渐扩段和阀门等处有较大的局部水头损失存在。

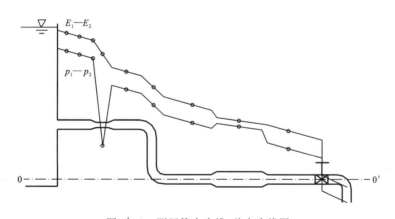

图 $3'-1$ 测压管水头线、总水头线图

(2)阀门打开角度变大,使流量增加,测压管水头线有何变化?为什么?

答:阀门打开角度变大时测压管水头线有如下 3 个变化。

①流量增加,测压管水头线(p_1-p_2)总降落趋势更显著。这是因为测压管水头 $H_P = z+\dfrac{p}{\rho g}=E-\dfrac{v^2}{2g}=E-\dfrac{q_v^2}{2gA^2}$,任一断面起始时的总水头 E 及管道过流断面面积 A 为定值时,渗流量 q_v 增大,$\dfrac{v^2}{2g}$ 就增大,则 $z+\dfrac{p}{\rho g}$ 必减小。而且随流量的增加,阻力损失亦增大,管道任

一过水断面上的总水头 E 相应减小,故 $z+\dfrac{p}{\rho g}$ 的减小趋势更显著。

②测压管水头线(p_1-p_2)的起落变化趋势亦更为显著。

$$\Delta H_P = \Delta\left(z+\frac{p}{\rho g}\right) = \frac{v_2^2-v_1^2}{2g} + \zeta\frac{v_2^2}{2g} = \frac{q_v^2/A_2^2 - q_v^2/A_1^2}{2g} + \zeta\frac{q_v^2/A_2^2}{2g}$$

$$= \left(1+\zeta-\frac{A_2^2}{A_1^2}\right)\frac{q_v^2/A_2^2}{2g} \tag{3'-1}$$

式中:ζ 为两个断面之间的损失因数。管中水流流速较大时,ζ 接近于常数,又因管道断面面积为定值,故 q_v 增大,ΔH 亦增大,测压管水头线(p_1-p_2)的起落变化趋势就更为显著。

③测压管水头线距总水头线的距离更大,因为该距离即为流速水头。

(3) 由毕托管测量的总水头线与按实测断面平均流速绘制的总水头线一般都有差异,试分析其原因。

答:与毕托管相连接的测压管对应的测点有①*、⑥*、⑧*、⑫*、⑭*、⑯*、⑱*,这些测管称总压管。总压管液面的连线即为毕托管测量显示的总水头线,其中包含点流速水头线。而实际测绘的总水头线是根据实测的 $\left(z+\dfrac{p}{\rho g}\right)$ 值加断面平均流速水头 $\dfrac{v^2}{2g}$ 值绘制的。据经验资料,对于圆管紊流,只有在离管壁约 $0.12d$ 的位置,其点流速方能代表该断面的平均流速。由于本实验毕托管的探头通常布设在管轴附近,其点流速水头大于断面平均流速水头,所以由毕托管测量显示的总水头线,一般比实际测绘的总水头线偏高。

因此,本实验测点①*、⑥*、⑧*、⑫*、⑭*、⑯*、⑱* 处所显示的总水头线一般仅供定性分析与讨论,只有按实验原理与方法测绘出的总水头线才更准确。

(4) 为什么急变流断面不能被选作能量方程的计算断面?

答:由于推导能量方程时引入的限制条件中有"质量力只有重力"和"测压管水头按静水压强分布"。而在急变流断面上其质量力,除重力外尚有离心惯性力,且测压管的水头不按静水压强分布。如测点⑩、⑪在弯管的急变流断面上,测压管水头差 7.3×10^{-2}m,可见急变流断面上离心惯性力对测压管水头影响很大。因此,急变流断面不能选作能量方程的计算断面。

实验七:

(1) 文丘里流量计有何安装要求和适用条件?

答:文丘里流量计应该安装在顺直管段上,其顺直管段上游长度应该大于 10 倍管径 d_1,下游长度应该大于 6 倍管径 d_1,以免水流产生旋涡而影响其流量因数。

适用条件:需要进行标定并绘出 $q_v-\Delta h$ 曲线;文丘里管喉颈处容易产生真空,允许最大真空度为 $6\sim 7$m 水柱。

(2) 本实验中,影响文丘里流量计流量因数大小的因素有哪些?哪个因素最敏感?对本实验的管道而言,若因加工精度影响,误将 $(d_2-0.01)\times 10^{-2}$m 值取代上述 d_2 值时,本实验在最大流量下的 μ 值将变为多少?

答:由下式

$$q_v = \mu \frac{\pi}{4} d_1^2 \sqrt{2g\Delta h} / \sqrt{(d_1/d_2)^4 - 1} \tag{3'-2}$$

得

$$\mu = q_v \sqrt{d_2^{-4} - d_1^{-4}} / \frac{\pi}{4} \sqrt{2g\Delta h} \tag{3'-3}$$

可见本实验(水为流体)的 μ 值大小与 q_v、d_1、d_2、Δh 有关,其中 d_1、d_2 最敏感。本实验的文丘里流量计 $d_1 = 1.4 \times 10^{-2}$ m, $d_2 = 0.71 \times 10^{-2}$ m,通常在切削加工中测量 d_2 比 d_1 方便,容易掌握好精度,d_2 不易测量准确,从而不可避免地引起实验误差。例如当流量达到最大时 μ 为 0.976,若 d_2 的误差为 0.01×10^{-2} m,那么 μ 变为 1.006,显然不合理。

(3)为什么计算流量 q_v' 与实际流量 q_v 不相等?

答:因为计算流量 q_v' 是在不考虑水头损失情况下,即按理想液体推导的公式计算得出的,而实际流体存在黏性必引起阻力损失,从而降低过流能力,造成 $q_v < q_v'$,即 $\mu < 1$。

(4)应用量纲分析法,阐明文丘里流量计的水力特性。

答:运用量纲分析法得到文丘里流量计的流量表达式,然后结合实验成果,便可进一步搞清流量计的测量特性。

对于平置文丘里管,影响 v_1 的因素有文氏管进口直径 d_1、喉径 d_2、流体密度 ρ、动力黏滞系数 η 及两个断面间的压强差 Δp。根据 π 定理有

$$f(v_1, d_1, d_2, \rho, \eta, \Delta p) = 0 \tag{3'-4}$$

从中选取 d_2、v_1、ρ 三个基本量,$m = 3$。写出 π 项,π 数 $N(\pi) = 6 - 3 = 3$。$\pi_1 = d_2 / d_1^{a_1} v_1^{b_1} \rho^{c_1}$;$\pi_2 = \eta / d_1^{a_2} v_1^{b_2} \rho^{c_2}$;$\pi_3 = \Delta p / d_1^{a_3} v_1^{b_3} \rho^{c_3}$。

根据量纲和谐原理,确定 π 项的指数,取基本量纲 (L, M, T) 代入 π 项。

对 π_1 有

$$\dim \pi_1 = \dim(d_2 / d_1^{a_1} v_1^{b_1} \rho^{c_1}) \tag{3'-5}$$

则

$$M^0 L^0 T^0 = (L)/(L)^{a_1} (LT^{-1})^{b_1} (ML^{-3})^{c_1} \tag{3'-6}$$

$$\left. \begin{array}{l} L: 0 = 1 - (a_1 + b_1 - 3c_1) \\ T: 0 = -b_1 \\ M: 0 = c_1 \end{array} \right\} \tag{3'-7}$$

得

$$a_1 = 1, b_1 = 0, c_1 = 0, \pi_1 = \frac{d_2}{d_1} \tag{3'-8}$$

同理可得

$$\pi_2 = \frac{\eta}{d_1 v_1 \rho}, \pi_3 = \frac{\Delta p}{v_1^2 \rho} \tag{3'-9}$$

将各 π 值代入式(3'-4)得无量纲方程为

$$f\left(\frac{d_2}{d_1}, \frac{\eta}{d_1 v_1 \rho}, \frac{\Delta p}{v_1^2 \rho}\right) = 0 \tag{3'-10}$$

或

$$\frac{v_1^2 \rho}{\Delta p} = f\left(\frac{d_2}{d_1}, \frac{\eta}{d_1 v_1 \rho}\right) \quad (3'-11)$$

$$v_1 = \sqrt{\Delta p/\rho} f_2\left(\frac{d_2}{d_1}, Re_1\right) = \sqrt{2g\Delta p/\rho g} f_3\left(\frac{d_2}{d_1}, Re_1\right) \quad (3'-12)$$

进而可得流量表达式

$$q_v = \frac{\pi}{4} d_1^2 \sqrt{2g\Delta h} f_3\left(\frac{d_2}{d_1}, Re_1\right) \quad (3'-13)$$

式($3'-13$)与不计水头损失时理论推导得到的

$$q_v' = \frac{\pi}{4} d_1^2 \sqrt{2g\Delta h} / \sqrt{\left(\frac{d_2}{d_1}\right)^4 - 1} \quad (3'-14)$$

相似。考虑水头损失对过流量的影响,实际流量由在式($3'-14$)中引入流量系数 μ_{q_v} 计算,变为

$$q_v = \mu_{q_v} \frac{\pi}{4} d_1^2 \sqrt{2g\Delta h} / \sqrt{\left(\frac{d_2}{d_1}\right)^4 - 1} \quad (3'-15)$$

由比较式($3'-13$)、式($3'-15$)可知,流量系数 μ_{q_v} 与 Re 一定有关,又因为式($3'-15$)中 d_2/d_1 的函数关系并不一定代表了式($3'-13$)中函数 f_3 所应有的关系,故应通过实验探究 μ_{q_v} 与 Re、d_2/d_1 的相关性。

通过以上分析,明确了研究文丘里流量计流量系数的途径,即厘清它与 Re 及 d_2/d_1 的关系。

由本实验所得的在紊流过渡区的 μ_{q_v}-Re 关系曲线(d_2/d_1 为常数),可知 μ_{q_v} 随 Re 的增大而增大,因恒有 $\mu<1$,故若使 Re 增大,μ_{q_v} 将渐趋向于某一小于 1 的常数。

另外,分析已有的很多实验资料,可知 μ_{q_v} 与 d_1/d_2 也有关,设置不同的 d_1/d_2 值,可以得到不同的 μ_{q_v}-Re 关系曲线,研究文丘里管时通常将 $d_1/d_2=2$。所以实践时,对特定的文丘里管均须实验率定 μ_{q_v}-Re 的关系,或者查用相同管径比时的经验曲线。还有在实践中较适宜用于被测管道中的雷诺数 Re 大于 2×10^5,使 μ_{q_v} 值接近于常数 0.98。

流量系数 μ_{q_v} 的上述关系,也反映了文丘里流量计的水力特性。

实验八:

(1)实测 β 与公认值($\beta=1.02\sim1.05$)符合与否?如不符合,试分析原因。

答:实测 $\beta=1.0406$,与公认值符合。注意:如不符合,其最大原因可能是翼轮不转。为排除此故障,可用 4B 铅笔笔芯粉末涂抹活塞及活塞套表面。

(2)带翼片的平板在射流作用下获得力矩,这对分析射流冲击无翼片的平板沿 x 方向的动量方程有无影响?为什么?

答:无影响。因带翼片的平板(图 $3'-2$)垂直于 x 轴,作用在轴心上的力矩 T,是射流冲击在 yz 平面上的翼片时,翼片转动产生的动量矩差值,即

$$T = \rho q_v v_{yz2} \cos\alpha_2 r_2 - \rho q_v v_{yz1} \cos\alpha_1 r_1 = \rho q_v v_{yz2} \cos\alpha_2 r_2 \quad (3'-16)$$

式中:q_v 为射流的流量;v_{yz1} 为入流流速在 yz 平面上的分速;v_{yz2} 为出流流速在 yz 平面上的分速;r_1、r_2 分别为内、外圆半径;α_1 为入流速度与圆周切线方向的夹角,接近 $90°$;α_2 为出流

速度与圆周切线方向的夹角。

式(3'-16)表明力矩 T 恒与 x 方向垂直,动量矩仅与 yz 平面上的速度分量有关。也就是说在平板上附加翼片后,尽管在射流作用下可获得力矩,但并不会产生 x 方向的附加力,也不会影响 x 方向的流速分量。所以,x 方向的动量方程与平板上是否附加翼片无关。

(3) 如图 3-12a,通过细导水管 a 的分流,其出流角度为什么须垂直于 v_{1x}?

答:当记及分流影响时(图 3-12b),动量方程为

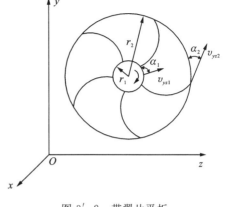

图 $3'-2$ 带翼片平板

$$-\rho g h_C \frac{\pi}{4} D^2 = \rho q_{v2} \beta_2 v_{2x} + \rho q_{v3} \beta_3 v_{3x} - \rho q_{v1} \beta_1 v_{1x} \qquad (3'-17)$$

因为
$$v_{2x} = v_{3x} = 0$$

所以
$$\rho g h_C \frac{\pi}{4} D^2 = \beta_1 \rho q_v v_{1x}$$

即
$$\beta_1 \rho q_v v_{1x} - \rho g h_C \frac{\pi}{4} D^2 = 0 \qquad (3'-18)$$

式(3'-18)表明只要出流角度与 v_{1x} 方向垂直,则 x 方向的动量方程与设置导水管与否无关。

第四章

实验十:

(1) 为何认为上临界雷诺数无实际意义,而采用下临界雷诺数作为层流与湍流的判据?

答:根据实验测定,上临界雷诺数实测值在 3 000~5 000 之间,其取值与操作快慢、水箱的紊动度、外界干扰等密切相关。有关学者进行了大量实验,有的测得上临界雷诺数为 12 000,有的为 20 000,有的甚至高达 40 000。在实际水流中,干扰总是存在的,故上临界雷诺数为不定值,无实际意义。只有下临界雷诺数才可以作为判别流态的标准。凡水流的雷诺数小于下临界雷诺数,则流态必为层流。

(2) 试结合紊动机理实验,分析由层流过渡到湍流的机理。

答:从紊动机理实验观察到的现象可知,异重流(分层流)在剪切流动情况下,分界面由于扰动引发细微波动,并随剪切流速的增大,分界面的波动幅度增大,波峰变尖,以至于间断面破裂而形成一个个小旋涡,使流体质点产生横向紊动。这与大风时海面上波浪滔天水气混掺的情况一样,这是高速流动的空气和静止的海水这两种流体形成的界面,因剪切流动而引起的界面失稳的波动现象。由于圆管层流的流速按抛物线分布,过流断面上的流速梯度较大,而且因壁面上的流速恒为零,在管径相同的情况下,平均流速越大,梯度越大,则层间

的剪切流速越大，于是就容易产生紊动。紊动机理实验所见到的波动→破裂→旋涡→质点紊动等一系列现象，便是流态从层流转变成湍流的过程。

实验十一：

(1)管径粗细相同、流量相同条件下，试问 d_1/d_2($d_1<d_2$)在何范围内圆管突扩段的水头损失比突缩段的大？

答：由

$$h_j = \zeta \frac{\alpha v^2}{2g} \qquad (4'-1)$$

及

$$\zeta = f(d_1/d_2) \qquad (4'-2)$$

分析可得，影响局部阻力损失的因素是 v 和 d_1/d_2。由于有

$$突扩：\zeta_e = \left(1-\frac{A_1}{A_2}\right)^2 \qquad (4'-3)$$

$$突缩：\zeta_s = 0.5\left(1-\frac{A_1}{A_2}\right) \qquad (4'-4)$$

由于管径粗细相同、流量相同，要求圆管突扩段的水头损失比突缩段的大，则有

$$K = \frac{\zeta_s}{\zeta_e} = \frac{0.5(1-A_1/A_2)}{(1-A_1/A_2)^2} = \frac{0.5}{1-A_1/A_2} < 1 \qquad (4'-5)$$

即

$$A_1/A_2 < 0.5$$

或

$$d_1/d_2 < 0.707$$

也就是说管径比小于0.7时，突扩段的水头损失比相应突缩段的要大。

(2)结合流动演示仪演示的水力现象，分析局部阻力损失机理。产生突扩与突缩段的局部水头损失主要在哪些部位？怎样减小局部水头损失？

答：流动演示仪可显示突扩、突缩、渐扩、减缩、分流、合流、阀门、绕流等30余种内、外流的流动图谱。据此对局部阻力损失的机理分析如下。

从显示的图谱可见，流道边界突变处均会形成大小不一的旋涡区。旋涡是产生损失的主要根源。由于水质点无规则运动和激烈紊动，相互摩擦，便消耗了部分水体的自储能量。另外，当这部分低能流体被主流的高能流体带走时，还须克服剪切流的速度梯度，经质点间的交换达到流速的重新组合，这也损耗了部分能量，就造成了局部阻力损失。

从流动仪的流动图谱可见，突扩段的旋涡主要位于突扩断面之后，而且与扩大系数有关，扩大系数越大，旋涡区面积也越大，损失也越大，所以产生突扩局部阻力损失的主要部位在突扩断面的后部。而突缩段的旋涡在收缩断面前后均有。在突缩断面前仅在死角区有小旋涡，且强度较小，而在突缩断面的后部产生了紊动度较大的旋涡环区。由此可见，产生突缩水头损失的主要部位是在突缩断面后。

从以上分析可知，为了减小局部阻力损失，在设计变断面管道几何边界形状时应尽量使

边界形状流线形化或接近流线形,以避免旋涡的形成,或使旋涡区面积尽可能小。如欲减小本实验管道的局部阻力,就应减小管径比以降低突扩段的旋涡区域面积;或把突缩进口的直角改成圆角,以消除突缩断面后的旋涡环带,可使突缩局部阻力系数减小到原来的 1/2～1/10。突然收缩实验管道,使用时间较长后,实测阻力系数减小,主要原因也与突缩进口锐缘磨损有关。

(3)局部阻力类型众多,局部阻力因数的计算公式除突扩是由理论推导得出之外,其他都是由实验得出的经验公式。试问,获得经验公式有哪些途径?

答:经验公式有多种建立方法,突缩的局部阻力系数经验公式是在实验取得了大量数据的基础上,进一步进行数学分析(如最小二乘法等)得出的。这是先实验后分析归纳的一种方法,但通常的方法应是先理论分析(包括量纲分析等)后实验研究,最后进行分析归纳。

实验十二:

(1)为什么压差计的水柱差就是沿程水头损失? 实验管道倾斜安装是否影响实验成果?

答:图 $4'-1$ 为测量沿程管道断面 $1—1'$ 和断面 $2—2'$ 之间压强差的气-水压差计,$0—0'$ 为基准面。由沿程水头损失定义并结合图示的高差关系有

$$h_\mathrm{f} = \left(z_1 + \frac{p_1}{\rho g}\right) - \left(z_2 + \frac{p_2}{\rho g}\right) = \left(z_1 + \frac{p_1 - p_0}{\rho g}\right) - \left(z_2 + \frac{p_2 - p_0}{\rho g}\right) \quad (4'-6)$$
$$= \Delta h$$

这表明压差计的水柱差就是沿程水头损失,且与倾角无关。

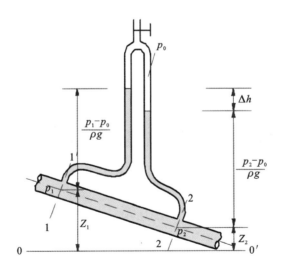

图 $4'-1$ 气-水压差计倾斜安装实验参数图

(2)为什么管壁平均当量粗糙度 Δ 不能在流体处于光滑区时测量?

答:尼古拉兹曲线分为 5 个阻力区,如图 $4'-2$ 所示。其中,Ⅲ线为水力光滑区,又称湍流光滑区。在水力光滑区,λ 与 Δ/d 无关,仅与 Re 有关。因此,管壁平均当量粗糙度 Δ 在流体处于水力光滑区时,不能通过任何公式由 Re 与 λ 的值计算得到。

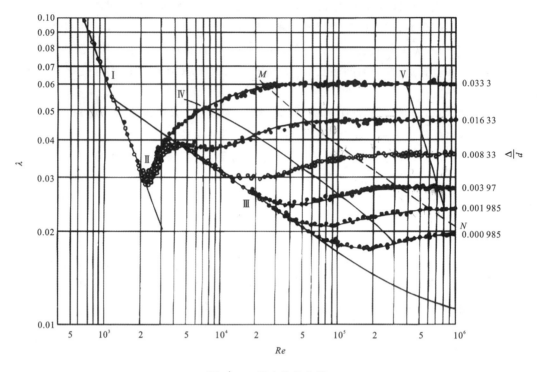

图 4'-2 尼古拉兹曲线

究其成因，这是由黏性底层变化造成的。如图 4'-3 所示，当流体处于水力光滑区时，$\delta_0 \gg \Delta$（若干倍）；黏性底层完全淹没在水流中，粗糙度 Δ/d 对水流的运动不产生影响，所以管壁平均当量粗糙度 Δ 不能在流体处于光滑区时测量。

图 4'-3 水力光滑区

第五章

实验十三：

(1) 驻滞点的流线为什么可分又可合？这与流线的性质是否矛盾呢？

答：不矛盾。因为流体在驻滞点上流速为零，而静止液体中同一点的任意方向都可能是流体的流动方向。

(2) 实际液体的总体流动图谱如何显示？

答：Ⅲ型双流道中，适当提高流动的雷诺数，经过一定时间后，流体就会在"突扩"管段拐角处脱离边界,形成旋涡,从而显示实际液体的总体流动图谱。

实验十四:

(1)ZL-6型流动显示仪所测定流段的流动图谱有何作用?

答:该图谱主要作用有两方面:①说明了非圆柱体绕流也会产生卡门涡街;②对比观察圆柱绕流和该钝体绕流可知,前者涡街频率 f 在 Re 不变时也不变;而后者,即使 Re 不变,f 也会随机变化。由此说明了为什么圆柱绕流频率可由公式计算得出,而非圆柱绕流频率一般不能由公式计算得出。

(2)如何解决绕流体的振动问题?

答:解决绕流体的振动问题途径有3种:①改变流速;②改变绕流体自振频率;③改变绕流体结构形式,以破坏涡街的固定频率,避免共振。

(3)旋涡的大小和紊动强度与流速有何关系?

答:流量较小时,渐扩流速较小,紊动强度也较小,这时可看到在整个扩散段有明显的单个大涡旋;反之,当流量较大时,这种单个大涡旋随之分解,并形成无数个小涡旋,且流速越高,紊动强度越大,则旋涡越小,可以看到,几乎每一个质点附近的水流体都在激烈地旋转着。又如,在突扩段,也可看到旋涡大小的变化。表明紊动强度越大,涡旋越小,几乎每一个质点附近的流体都在激烈地旋转着。质点间的内摩擦越厉害,水头损失就越大。

(4)从型1或型2的弯道水流观察分析可知,急变流段测压管水头不按静水压强的规律分布,其原因何在?

答:急变流段测压管水头不按静水压强规律分布主要由以下原因所致:①离心惯性力的作用;②流速分布不均匀(外侧大、内侧小并产生回流)等。

实验十五:

(1)实验所测得 φ' 值说明了什么?

答:若管嘴出流的作用水头为 ΔH,管嘴断面平均流速的流速系数为 φ,流量为 q_v,管嘴的过水断面面积为 A,相对管嘴平均流速为 v,则有

$$v = \frac{q_v}{A} = \varphi \sqrt{2g\Delta H} \tag{5'-1}$$

若相对点流速而言,由管嘴出流的某流线的能量方程,可得

$$\Delta H = \frac{v^2}{2g} + h_w = \frac{v^2}{2g} + \zeta \frac{v^2}{2g} \tag{5'-2}$$

$$v = \sqrt{\frac{1}{1+\zeta}} \sqrt{2g\Delta H} = \varphi' \sqrt{2g\Delta H} \tag{5'-3}$$

$$\varphi' = \sqrt{\frac{1}{1+\zeta}} \tag{5'-4}$$

式中:ζ 为流管在某一流段上的损失系数;φ' 为管嘴断面上某点流速的流速系数。本实验在管嘴淹没出流的轴心处测得 $\varphi'=0.995$,表明管嘴轴心处水流的势能转换为动能的过程中有能量损失,但损失甚微。

(2)毕托管可测量的流速范围为 0.2~2m/s,轴向安装偏差要求不应大于 10°,试分析其原因。

答:①毕托管测量过大或过小流速时都会引起较大的实测误差,当流速 v 小于 0.2m/s 时,毕托管测得的压差 Δh 为

$$\Delta h < \frac{v^2}{2g} = \frac{20^2}{1960} = 0.204 \times 10^{-2} \text{m}$$

即使采用 30°倾斜压差计测量此压差值,因

$$\Delta h' = \Delta h/\sin 30° = 2 \times 0.204 = 0.408 \times 10^{-2} \text{m}$$

而倾斜压差计的读数精度为 0.5mm,由此可引起的流速误差达 6%,因此毕托管不能测量过低流速。

而当流速大于 2m/s 时,由于水流流经毕托管头部时会出现局部分离现象,从而使静压孔测得的压强偏低而造成误差。

②同样,若毕托管安装偏角(α)过大,亦会引起较大的误差。因毕托管测得的流速 v' 是实际流速 v 在其轴向的分速度 $v\cos\alpha$,则相应所测流速误差为

$$\varepsilon = \frac{v - v\cos\alpha}{v} = 1 - \cos\alpha \tag{5'-5}$$

若 $\alpha > 10°$,则

$$\varepsilon = 1 - \cos 10° = 0.015$$

(3)对电测毕托管有何创新见解?

答:可取消连通管,或者直接将传感器装在毕托管的头部,使之成为工程中实用的电测数显毕托管。

实验十六:

(1)薄壁小孔口与大孔口有何异同?

答:相同点为薄壁小孔口与大孔口都可以用小孔口自由出流流量公式进行计算。不同点为大孔口 $d/H > 0.1$,小孔口 $d/H < 0.1$;大孔口的侧收缩因数 ε 大,流量系数 μ 也大。

(2)为什么相同作用水头、直径相等的条件下,直角进口管嘴的流量因数 μ 比孔口的大、锥形管嘴的流量因数 μ 比直角进口管嘴的大?

答:由实验结果可知,直角管嘴出流的流股呈圆柱形麻花状扭变,$\mu = 0.817$;圆锥管嘴出流的流股呈光滑圆柱形,$\mu = 0.963$;孔口出流的流股在出口附近有侧收缩,呈光滑圆柱形,$\mu = 0.613$。

影响流量系数大小的原因有以下几点。

①出口附近流股直径,孔口为 $d_C = 9.62 \times 10^{-3}$m,$d_C/d = 0.8$,其余同管嘴的出口内径,$d_C/d = 1$。

②直角进口管嘴出流,μ 大于孔口 μ_C,是因为前者进口段分离,使流股侧收缩而引起局部真空(本实验实测局部真空度为 0.16mH$_2$O),产生抽吸作用从而加大过流能力;后者孔口出流流股侧面压强均为大气压,无抽吸力存在。

③直角进口管嘴的流股呈扭变状,说明横向脉速大,紊动度大,这是因为在侧收缩断面附近形成旋涡的缘故。

④圆锥管嘴虽亦属直角进口,但因进口直径逐渐变小,流体不易产生分离,其侧收缩断面面积接近出口面积(μ以出口面积计),故侧收缩并不明显影响过流能力。另外,从流股形态看,横向脉动亦不明显,说明渐缩管对流态有稳定作用(在工程或实验中,为了提高工作段水流的稳定性,往往在工作段前加一渐缩段,正是利用这一水力特性),能量损失小。